Zakir Hossain Khan

Sistema de gestão ambiental da indústria têxtil no Bangladesh

Zakir Hossain Khan

Sistema de gestão ambiental da indústria têxtil no Bangladesh

ScienciaScripts

Imprint
Any brand names and product names mentioned in this book are subject to trademark, brand or patent protection and are trademarks or registered trademarks of their respective holders. The use of brand names, product names, common names, trade names, product descriptions etc. even without a particular marking in this work is in no way to be construed to mean that such names may be regarded as unrestricted in respect of trademark and brand protection legislation and could thus be used by anyone.

Cover image: www.ingimage.com

This book is a translation from the original published under ISBN 978-3-330-33021-4.

Publisher:
Sciencia Scripts
is a trademark of
Dodo Books Indian Ocean Ltd. and OmniScriptum S.R.L publishing group

120 High Road, East Finchley, London, N2 9ED, United Kingdom
Str. Armeneasca 28/1, office 1, Chisinau MD-2012, Republic of Moldova, Europe
Printed at: see last page
ISBN: 978-620-7-93050-0

SISTEMA DE GESTÃO AMBIENTAL PARA A INDÚSTRIA TÊXTIL NO BANGLADESH: CONDICIONALISMOS E SOLUÇÕES

Visitar
MOHAMMAD ZAKIR HOSSAIN KHAN

UNIVERSIDADE CULTURAL INTERNACIONAL DE DHAKA

BANGLADESH

AGRADECIMENTOS

Louvado seja Deus, omnipresente, omnipotente e omnisciente, que me permitiu levar a cabo esta investigação e este trabalho. Todos aqueles que participaram neste estudo contribuíram, de certa forma, para a sua realização. Estou grato a todos eles, mesmo que não seja possível mencionar todos os nomes.

O autor orgulha-se de exprimir a sua profunda gratidão, o seu caloroso apreço, os seus profundos cumprimentos e a sua dívida para com o venerável presidente do comité de tese, Dr. Sultan Muhammad Razzak, o supervisor sénior, Dr. AKM Zakir Hossain Bhuiyan, e os co-orientadores, Dr. Sajedul Awwal, Dr. Afroja Parvin e Dr. Zaharaby Ripon, pela sua inspiração constante, orientação científica, imenso encorajamento, sugestões valiosas, instruções oportunas e únicas, comportamento caloroso, crítica construtiva e prestação de todo o apoio necessário. Dr. Zaharaby Ripon pela sua inspiração constante, orientação científica, imenso encorajamento, sugestões valiosas, instruções oportunas e únicas, comportamento caloroso, críticas construtivas e disponibilização de todas as facilidades necessárias para a realização do trabalho de investigação. Zaharaby Ripon pela sua inspiração constante, instruções escolares, imenso encorajamento, sugestões valiosas, instruções únicas e atempadas, comportamento caloroso, críticas construtivas e disponibilização de todas as facilidades para a realização do trabalho de investigação, bem como para a redação deste trabalho.

Os meus agradecimentos vão para todos os outros ilustres professores da Universidade Internacional da Cultura pelo seu encorajamento, críticas brilhantes e sugestões úteis. Agradeço também a todos os investigadores e funcionários da Universidade Internacional da Cultura, Daca, Bangladesh.

Tenho a honra de prestar homenagem aos eminentes professores e a todos os funcionários e colaboradores do meu instituto pelo seu estímulo intelectual.

Por último, gostaria de agradecer ao meu pai, à minha mãe, ao meu filho, à minha mulher, à minha irmã, ao meu sobrinho, aos meus amigos e a todos aqueles que me desejam bem, pelo seu encorajamento e inspiração durante este período.

Mohammad Zakir Hossain Khan

Resumo

A indústria têxtil tornou-se a espinha dorsal da economia do país, mas também tem estado ameaçada nos últimos tempos. Houve vários incêndios acidentais no sector têxtil, que mataram centenas de trabalhadores, e os incêndios são agora um lugar-comum. O recente desmoronamento de um edifício têxtil em Savar tornou-se um tema quente no Bangladesh e no resto do mundo, com milhares de trabalhadores a perderem a vida. Estes incidentes levantam questões sobre a segurança e a sustentabilidade da indústria têxtil no Bangladesh. A maior parte dos proprietários de fábricas não cumprem os regulamentos mínimos de segurança para o vestuário. Muitos compradores estrangeiros de vestuário pronto a vestir já declararam que não fariam negócios com o país se as condições de segurança e ambientais não fossem garantidas. Além disso, a maioria dos compradores corporativos está a exigir produtos mais amigos do ambiente. A fim de conciliar requisitos ambientais e sociais mínimos com quantidade, qualidade e relação qualidade/preço, as grandes empresas no topo da cadeia de valor estão a exercer uma pressão crescente sobre as pequenas e médias empresas.

A gestão ambiental é a gestão da responsabilidade de uma organização pelo seu impacte no ambiente. Por outras palavras, um SGA é um conjunto de processos e práticas que permitem a uma organização reduzir o seu impacto ambiental e melhorar a sua eficiência operacional de uma forma sistemática e eficaz em termos de custos.

A fim de melhorar a indústria têxtil no Bangladesh em conformidade com as normas globais, nas quais a responsabilidade social das empresas e o ambiente desempenham um papel crucial, e acelerar o desenvolvimento das estratégias correspondentes, o primeiro passo deve ser a realização de uma análise da situação.

A falta de conhecimento sobre a sensibilização ambiental e a segurança no local de trabalho levou à necessidade de um estudo para avaliar a sensibilização ambiental e o desempenho da indústria têxtil. O objetivo do estudo é identificar o atual sistema de gestão ambiental na indústria têxtil do Bangladesh. Este estudo pode conduzir a uma nova era para a indústria têxtil no Bangladesh. Ajudará a reduzir outros riscos no sector. Para além do caminho sustentável proposto, o estudo permitirá ao país identificar melhores práticas e caminhos para a indústria têxtil e ajudará a redefinir a política e a regulamentação têxtil. A premissa do estudo é que "as decisões estratégicas ou abordagens na indústria têxtil devem ser amigas do ambiente".

Neste estudo, foram utilizadas duas abordagens para a recolha de dados. Uma foi uma pesquisa bibliográfica e a outra um inquérito por questionário, apoiado por entrevistas semi-estruturadas. O inquérito revelou que a maioria das empresas da região-alvo não dispunha de políticas e abordagens gerais de gestão ambiental. Vinte e seis empresas da região-alvo responderam aos inquéritos. Com base nas perguntas do questionário, a situação ambiental das empresas foi avaliada em seis domínios: política e práticas gerais de gestão ambiental, visão da legislação ambiental, práticas gerais de gestão de resíduos, escolha de processos, sistemas de produção e tecnologias em relação à poluição e desempenho em termos de saúde, segurança e ambiente no trabalho. O estudo revelou que a falta de controlo e de aplicação da legislação existente incentiva os proprietários das instalações a evitar a aplicação de um sistema de gestão ambiental adequado. Para além do problema da poluição, muitos proprietários de fábricas também não cumprem as regras mínimas de segurança da indústria têxtil devido à falta de uma política adequada ou de uma política laboral e sindical concreta no sector. A maioria dos proprietários de fábricas vê este facto como uma vantagem e procura obter mais lucros sem investir suficientemente na segurança dos trabalhadores no local de trabalho.

As empresas têxteis enfrentam uma série de desafios ambientais e sociais significativos. Nenhum destes desafios é insuperável, mas se não forem abordados e geridos eficazmente, prejudicam não só o ambiente, mas também as operações e a rentabilidade da empresa. Um sistema de gestão ambiental alarga esta abordagem à gestão do impacto das empresas no ambiente e das condições de trabalho no local de trabalho. É importante que o governo, as organizações privadas e os proprietários de fábricas tomem iniciativas responsáveis e se comprometam a melhorar o ambiente de trabalho, a fim de alcançar uma posição satisfatória em termos de sustentabilidade.

Como se pode ver nos resultados da análise dos dados do inquérito e das actividades ambientais das empresas, foram examinados vários factores neste estudo, a fim de identificar barreiras e medidas correctivas para o sistema de gestão ambiental da indústria têxtil no Bangladesh. No entanto, devido ao impacto simultâneo de diferentes factores, não é suficiente concentrarmo-nos na sua importância para a introdução do sistema de gestão ambiental e das actividades ambientais.

Além disso, os resultados da investigação e as recomendações seriam de grande utilidade para os decisores políticos, as autoridades municipais, os planeadores, os investigadores e os estudantes, bem como para os ambientalistas envolvidos na investigação e desenvolvimento futuros e na tomada de decisões sobre sistemas de gestão ambiental. Desta forma, poderá contribuir para a criação de um ambiente sustentável.

RESUMO DO CONTEÚDO

ABREVIATURAS

ATC Acordo sobre Têxteis e Vestuário

BGMEA Associação de Fabricantes e Exportadores de Vestuário do Bangladesh

BKMEA Associação de Exportação do Fabrico de Malhas do Bangladesh

BTMC Bangladesh Textile Mills Corporation

Campanha CCCC para roupa limpa

CIAAgência Central de Informações

CNTAC Conselho Nacional dos Têxteis e do Vestuário da China

CSRCResponsabilidade Social das Empresas

DFIDDepartamento para o Desenvolvimento Internacional

DoEDepartamento do Ambiente

ECAU Lei da Proteção do Ambiente

Regras de conservação do ambiente

Ambiente , saúde e segurança

Sistema de gestão e auditoria EMASEco

Plano de gestão ambiental

EMSSystem Sistema de gestão ambiental

Zonas francas industriais para a exportação (ZPE)

Estação de tratamento de águas residuais ETPE

UEUnião Europeia

FIASconsultoria de investimento estrangeiroServiço

GATTAcordo Geral sobre Pautas Aduaneiras e Comércio

PIBProduto Interno Bruto

GoBangladesh Governo

OITOrganização Internacional do Trabalho

ILRFForum sobre os direitos dos trabalhadores

ISOOrganização Internacional   de   Normalização

GPLGás de Petróleo Liquefeito

ODM Objectivos de Desenvolvimento do Milénio

Acordo multifibras MFAM

MSDS Fichas de dados de segurança do material

Rede de solidariedade MSNMaquila

Organização não governamental

NPINouvelle   politique industrielle (Nova   política industrial)

EPIEquipamento de   proteção individual

REAPPrograma   de   Realização
Empresarial Responsável

RMGReadymade clothing

RMGSSector do   vestuário pronto a vestir

PMEPequenas   e médias empresas

SOMOStichting   Onderzoek Multinationale Ondernemingen (Fundação para o
Desenvolvimento das Empresas Multinacionais)

(Centro de Investigação sobre Empresas Multinacionais)

Estação de tratamento de águas residuais STPS

Reino UnidoReino Unido

PNUAPrograma   das Nações Unidas para o Ambiente

UNGCPacto Global das Nações Unidas

UNIFEMFundo de Desenvolvimento das Nações Unidas   para a Mulher

Estados UnidosEstados Unidos

USD Dólar americano

USEPA Agência de Proteção Ambiental dos Estados Unidos

NÓS   Expansão mundial

WRC   Consórcio para os Direitos dos Trabalhadores

OMCOrganização Mundial do Comércio

Capítulo 1

INTRODUÇÃO

1.1   Geral

A indústria têxtil desempenha um papel crucial no rápido desenvolvimento económico do Bangladesh. As exportações de têxteis e de vestuário são a principal fonte de receitas em divisas. O Bangladesh é o segundo maior exportador mundial de vestuário de marca ocidental. O país exporta 60% dos seus produtos de vestuário para a Europa e 40% para a América. É também de salientar que muito poucas fábricas têxteis são propriedade de investidores estrangeiros, sendo a maior parte da produção controlada por investidores locais. A indústria têxtil do Bangladesh é um dos sectores mais importantes do país em termos de contribuição para o produto interno bruto (PIB), criação de emprego e exportações líquidas.

Netherwood, A. (1996) refere que o objetivo da indústria se baseava inicialmente na ideia de que o investimento e a inovação deveriam estimular o crescimento económico e satisfazer a procura dos consumidores. A gestão empresarial tradicional centrava-se mais nos lucros da empresa, no crescimento e na quota de mercado e prestava menos atenção ao impacto ambiental. Por outro lado, as actividades industriais contribuem largamente para a degradação do ambiente devido aos processos utilizados no fabrico dos produtos ou aos recursos consumidos. Netherwood, A. (1996) afirmou também que as actividades industriais continuam a causar graves ameaças ao ambiente. As principais ameaças associadas às actividades industriais incluem o aquecimento global, a libertação de substâncias tóxicas no ambiente, a destruição da camada de ozono, as chuvas ácidas, a poluição marinha, as ameaças à saúde, a redução da biodiversidade e a perda de espécies e habitats. Agarwal, H.O. (1999) constatou que a rápida industrialização, que conduziu ao desenvolvimento económico, conduziu também a uma degradação contínua do ambiente humano. Constatou ainda que não só a industrialização, mas também a urbanização, a sobrepopulação e a pobreza agravaram o problema.

Netherwood, A. (1996) referiu-se aos danos ambientais causados pelas actividades e organizações industriais, pelo que é necessário prestar especial atenção a estas actividades, a fim de reduzir o seu impacto nas pessoas e no ambiente. No atual mundo empresarial globalmente competitivo, uma má gestão da reputação da empresa, das práticas dos trabalhadores, da responsabilidade pelos produtos e da gestão ambiental pode conduzir a riscos sociais e ambientais que comprometem o valor da empresa. É por esta razão que o desenvolvimento sustentável é o tema central da industrialização e da urbanização. O desenvolvimento sustentável é uma missão de crescimento económico, proteção ambiental e harmonia social que, segundo Tencati, A. et al. (2004), andam de mãos dadas.

1.2 Revolução têxtil no Bangladesh

Antes da Guerra de Libertação do Bangladesh, quando este país fazia parte do Paquistão, a indústria têxtil era maioritariamente detida pelo Paquistão Ocidental entre 1947 e 1971, tal como a maioria das indústrias do Paquistão Oriental. Na década de 1960, os empresários bengaleses locais tinham criado as suas próprias grandes fábricas de têxteis e de juta. Após a guerra de libertação em 1971, o recém-criado Bangladesh perdeu o acesso ao capital e ao saber-fazer técnico, como observou Lorch, Klaus (1991). Após a libertação, o Bangladesh concentrou-se na indústria têxtil e do vestuário, em especial no sector do vestuário acabado (RMG), e estabeleceu uma industrialização orientada para a exportação, tal como descrito no Dicionário de Genocídio: A-L. Volume 1 de Totten, Samuel et al.

Lorch, Klaus (1991) referiu igualmente em The Bangladeshi Textile Industry que o governo recém-formado do Xeque Mujibur Rahman emitiu, em 1972, o Bangladesh Industrial

Enterprises Order, que adquiriu as fábricas têxteis privadas e criou uma empresa pública denominada Bangladesh Textile Mills Corporation (BTMC). O Presidente Rahman promoveu a democracia e uma forma socialista de capitalismo. Após os anos fiscais de 1975-1976, a BTMC registou prejuízos todos os anos. Até ao início da década de 1980, o Estado era proprietário de quase todas as fábricas de fiação do Bangladesh e de 85% dos activos da indústria têxtil (excluindo as pequenas empresas). Muitos destes activos, incluindo as fábricas de juta e de têxteis, foram privatizados e devolvidos aos seus proprietários originais no âmbito da Nova Política Industrial (NIP) de 1982. Lorch, Klaus (1991) observou igualmente que, em 1980, foi oficialmente criada uma zona franca industrial para a exportação no porto de Chittagong.

Em "Implementation of Privatization Policy: Lessons from Bangladesh", Momen, Nurul (2007) referiu que o Presidente Hussain Muhammad Ershad introduziu a Nova Política Industrial (NIP) em 1982, pouco depois de tomar posse, como o passo mais importante no processo de privatização, que desnacionalizou grande parte da indústria têxtil, criou zonas de processamento de exportações (EPZs) e incentivou o investimento direto estrangeiro. No âmbito da nova política industrial, 33 fábricas de juta e 27 fábricas de têxteis foram devolvidas aos seus proprietários originais. As exportações de vestuário aumentaram, mas inicialmente a indústria do pronto-a-vestir não foi suficientemente apoiada pelo crescimento da cadeia de abastecimento nacional.

Em 2008, a Organização Mundial do Comércio (OMC) constatou que, entre 1995 e 2005, esteve em vigor o Acordo da OMC sobre Têxteis e Vestuário (ATV), no âmbito do qual os países mais industrializados aceitaram exportar menos têxteis, enquanto os países menos industrializados obtiveram quotas mais elevadas para a exportação dos seus têxteis.

Até 2005, a indústria do pronto-a-vestir era a única indústria transformadora e de exportação do Bangladesh, que movimentava milhares de milhões de dólares e representava 75% do rendimento do país em 2005 (Haider, Mohammed Ziaul, 2007). Atualmente, o comércio de exportação do Bangladesh é dominado pela indústria do pronto-a-vestir (RMG). As exportações de vestuário do Bangladeche - principalmente para os EUA e a Europa - representaram quase 80% das receitas de exportação do país em 2012 (Yardley, Jim, 2012). Em 2014, as RMG representaram 81,13% do total das exportações do Bangladeche (Comparative Statement on Export of RMG and Total Export of Bangladesh, 2015).

1.3   Incidentes na indústria têxtil do Bangladesh

Em 2000, os empresários do sector têxtil tinham a reputação de contornar os direitos aduaneiros, fugir aos impostos sobre as sociedades, manter-se afastados dos mercados de capitais e evitar projectos sociais como a educação, os cuidados de saúde e a assistência em caso de catástrofe, mas estes empresários estavam a assumir os riscos necessários para desenvolver a indústria, segundo Quddus, Munir e Rashid, Salim (2000).

A Oxfam (2015) concluiu que trinta pessoas morreram e 200 ficaram gravemente feridas no incêndio da fábrica Sportswear Ltd. do Grupo Hameem, em 14 de dezembro de 2010. Um incêndio fatal na fábrica "Garib and Garib", em fevereiro de 2010, custou a vida a 22 pessoas. A Oxfam (2015) constatou ainda que duas dúzias de proprietários de fábricas são também membros do Parlamento do Bangladesh.

Grandes incêndios na indústria têxtil do Bangladesh que causaram centenas de mortos. Em 24 de novembro de 2012, deflagrou um incêndio na fábrica Tazreen Fashion em Daca, tal como relatado por Anbarasan, Ethirajan (2012). De acordo com Ahmed, Farid (2012), 117 pessoas morreram e 200 ficaram feridas. De acordo com Ahmed, Anis e Paul, Ruma (2012), este é o incêndio numa fábrica mais mortífero da história do Bangladesh.

A revista The Economist noticiou, em maio de 2013, que a Clean Clothes Campaign (CCC), o International Labour Rights Forum (ILRF), o Worker Rights Consortium (WRC) e a Maquila Solidarity Network (MSN) contactaram um grande número de compradores internacionais de RMG em 2010 e apresentaram uma série de recomendações sobre o que poderia ser feito para remediar os problemas subjacentes e evitar novas tragédias fatais nas fábricas de RMG. Em 2012, a Associação de Fabricantes e Exportadores de Vestuário do Bangladesh tentou expulsar 850 fábricas dos seus membros por incumprimento das normas de segurança e de trabalho. Os membros da Câmara dos Representantes dos EUA solicitaram também ao Gabinete do Representante Comercial dos EUA que concluísse a sua análise do cumprimento pelo Bangladeche das condições de elegibilidade para o Sistema de Preferências Generalizadas. Entre novembro de 2012 e maio de 2013, cinco incidentes fatais chamaram a atenção do mundo para as violações da segurança dos trabalhadores e das condições de trabalho no Bangladeche e pressionaram as principais marcas de vestuário mundiais, como a Primark, Loblaw, Joe Fresh, Gap, Walmart, Nike, Tchibo, Calvin Klein e Tommy Hilfiger, bem como os retalhistas, a utilizarem o seu peso económico para promover a mudança. A revista The Economist referiu, em maio de 2013, que Scott Nova, do Worker Rights Consortium, um grupo de defesa dos direitos dos trabalhadores, afirmou que os inspectores, alguns dos quais são pagos pelas fábricas que inspeccionam, analisam por vezes questões relacionadas com os direitos dos trabalhadores, como o horário de trabalho ou o trabalho infantil, mas não examinam devidamente a solidez estrutural das fábricas ou as violações da segurança contra incêndios.

Pennington, Matthew (2013) explicou em US suspends trade privileges for Bangladesh after textile industry disaster que o Presidente Barack Obama anunciou que os privilégios comerciais dos EUA para o Bangladesh, o Sistema de Preferências Generalizadas, tinham sido suspensos após o colapso fatal do Rana Plaza em 24 de abril de 2013, considerado o pior acidente da indústria têxtil do mundo em junho de 2013.

O governo do Bangladesh e a Organização Internacional do Trabalho (OIT) lançaram o programa "Melhoria das Condições de Trabalho no Sector do Vestuário" (RMGS) em outubro de 2013, uma iniciativa de três anos e meio no valor de 24,21 milhões de dólares (OIT, 2015). A Directora do Departamento para o Desenvolvimento Internacional (DFID) do Reino Unido no Bangladesh, Sarah Cook, afirmou que o programa RMGS era "uma parte importante da abordagem do Reino Unido para garantir condições de trabalho seguras e maior produtividade" no sector do vestuário e que "a sustentabilidade da indústria do vestuário desempenha um papel crucial no desenvolvimento social e económico contínuo do Bangladesh".

Quadir, Serajul e Paul, Ruma (2013) constataram que, em 2013, um edifício ruiu no complexo Rana Plaza em Savar, uma zona industrial situada a 32 quilómetros a noroeste de Daca, a capital do Bangladesh. Foi "o acidente industrial mais mortífero do mundo" desde o desastre de Bhopal, na Índia, em 1984. Ao mesmo tempo, cerca de 2500 pessoas foram resgatadas dos escombros, muitas delas feridas; o número total de desaparecidos era ainda desconhecido semanas mais tarde. O edifício de oito andares pertencente a Sohel Rana foi construído sobre uma "lagoa cheia de areia", embora só tivesse autorização de construção para cinco andares. Os construtores tinham também utilizado "materiais de construção de má qualidade, incluindo barras, tijolos e cimento de má qualidade, e não tinham obtido as licenças necessárias". Na véspera do colapso, um engenheiro levantou questões de segurança depois de ter detectado fissuras no complexo Rana Plaza. Apesar do encerramento, a fábrica permaneceu aberta e quando os geradores foram ligados após uma falha de energia, o edifício ruiu. Quadir, Serajul e Paul, Ruma (2013) também constataram que, em 9 de maio de 2013, oito pessoas morreram quando um incêndio deflagrou numa fábrica têxtil num edifício de onze andares em Mirpur Industrial Estate, propriedade do Grupo Tung Hai, um importante exportador de vestuário. O diretor-geral da empresa no Bangladesh e um oficial superior da polícia encontravam-se entre os mortos (Quadir, Serajul e Paul, Ruma, 2013).

Em junho de 2015, após uma investigação de dois anos, foram acusadas de homicídio 42 pessoas envolvidas no colapso da fábrica Rana Plaza, em abril de 2013, que matou mais de 1.136 pessoas. Sohel Rana, o proprietário do edifício, Refat Ullah, o presidente da câmara na altura do incidente, bem como os proprietários de cinco fábricas de vestuário localizadas no Rana Plaza e "dezenas de funcionários municipais e engenheiros" foram acusados de homicídio involuntário, "punível com uma pena máxima de prisão perpétua ao abrigo da lei do Bangladesh" (Zain, Syed, 2015 e Julfikar, 2015).

1.4   Sustentabilidade na indústria

Inspirado pela Comissão Mundial sobre Ambiente e Desenvolvimento (1987), o conceito de sustentabilidade é definido como "o desenvolvimento que satisfaz as necessidades da geração atual sem comprometer a capacidade das gerações futuras de satisfazerem as suas próprias necessidades". Elkington, J. (2004) definiu o novo conceito de sustentabilidade como um "triple bottom line", que engloba aspectos do desempenho social, ambiental e económico. A Sustainability Society Foundation identificou os três aspectos do "Triple Bottom Line": o bem-estar humano refere-se ao desempenho social, que inclui as necessidades básicas, o desenvolvimento pessoal e uma sociedade equilibrada; o bem-estar ambiental inclui um ambiente saudável, o clima e a energia, bem como os recursos naturais; o bem-estar económico refere-se à preparação para o futuro e a economia.

O conceito de sustentabilidade é extremamente valioso se for considerado como um objetivo final. As iniciativas de desenvolvimento sustentável devem traduzir as teorias conceptuais em realidade prática e exigem uma avaliação mais radical da estratégia ambiental. O desafio para o sistema económico é continuar a desempenhar o seu importante papel na sociedade moderna, assegurando simultaneamente a sustentabilidade (Netherwood, A., 1996).

Em 1970, o Dia da Terra foi outro passo importante na consciencialização das pessoas. De acordo com Christofferson, B. (2004), cerca de 500 milhões de pessoas em 167 países participaram neste evento até 2000. De acordo com Blackburn W. R. (2007), os gritos para salvar o ambiente reflectiram os apelos a uma comunicação aberta e transparente entre a indústria e o governo. O apoio à recuperação ambiental foi sentido em todo o mundo e a preocupação com a restauração da saúde ambiental aumentou. As actividades humanas degradaram o ambiente e são as únicas responsáveis pela deterioração do equilíbrio ecológico. Por conseguinte, o homem deve assumir a responsabilidade de criar um sistema ambiental reparador ou compensatório para si próprio e para as gerações futuras.

A recuperação de um ecossistema implica que o papel do homem na degradação do ambiente seja compreendido, reconhecido e reconhecido desde o início. O homem, único responsável pela insustentabilidade, deve ser identificado a montante. A apropriação de qualquer ecossistema pressupõe que o homem compreenda a extensão da apropriação infligida a um sistema. Para compreender claramente a dinâmica do sistema, é preciso saber como, onde, o quê e quando o homem ou as acções humanas infligem danos ao ecossistema.

Meadows D. H. et al (1972) e Steffen W. et al (2004) concluíram que existe um consenso crescente entre cientistas de diferentes disciplinas de que a sociedade se encontra atualmente numa trajetória insustentável a longo prazo. Robert G. (1995) concluiu que as empresas e o ambiente estão essencialmente ligados, estando o futuro de um dependente das acções do outro. Este facto descreve a definição de sustentabilidade e a importância do desenvolvimento sustentável.

O desenvolvimento sustentável é um conceito controverso (Jonsson M., 2008), o significado de sustentabilidade não é claro e esta falta de clareza levanta questões como o que deve ser preservado (Redclift M., 2000). Para compreender a sustentabilidade, foram desenvolvidas várias definições por diferentes cientistas e economistas.

Quando se trata de questões ambientais e sociais, a natureza e a extensão da compreensão são problemáticas. De acordo com Redclift M. (2000), a elaboração de políticas ambientais funcionará inevitavelmente num vazio concetual até que a gama de entendimentos e perceções sociais seja clarificada. De acordo com Roome N. J. (1998), sem a capacidade de compreender a complexidade e a amplitude do desenvolvimento sustentável, que engloba o desenvolvimento socioeconómico e ambiental, seria impossível orientar as organizações para a sustentabilidade.

Blackburn W. R. (2007) concluiu que é inegavelmente importante que os líderes comecem pela sustentabilidade. Atualmente, as empresas não reconhecem plenamente o que a sustentabilidade pode significar para o sucesso empresarial e para a sociedade em geral. Blackburn W. R. (2007) também constatou que a sustentabilidade é geralmente vista como pouco mais do que um relatório ou um passatempo insuportável para os executivos seniores das empresas. Jonsson M. (2008) concluiu que a consequência desta perceção é que, em primeiro lugar, é prestada menos atenção à agenda ambiental sustentável e que a sustentabilidade é depois sistematicamente negligenciada. Jonsson M. (2008) constatou também que, em quase todas as organizações, os departamentos de produção têm prioridade sobre os departamentos ambientais, o que constitui um obstáculo à promoção do pensamento holístico na organização. Os aspetos ambientais são vistos apenas como tendo um custo ou como sendo contraproducentes para o crescimento económico.

É importante compreender que todas as organizações estão intimamente ligadas à sociedade e ao ambiente através do seu sistema de gestão e das suas actividades. A sustentabilidade é importante para que as organizações assumam a responsabilidade pelas suas actividades e assegurem que nenhuma das suas actividades perturbe o equilíbrio eostático ou afecte as actividades sociais das pessoas, tal como Robert K. H. et al. (2007) constataram.

Muitas vezes, as empresas não têm consciência do seu impacto socio-ambiental e da poluição daí resultante. A sustentabilidade vai para além da gestão ambiental, que é apenas uma parte da sustentabilidade (Roome N. J., 1998). O primeiro passo para o desenvolvimento de produtos sustentáveis deve, por conseguinte, ser a compreensão dos instrumentos de sustentabilidade. Bebbington J. (2001) concluiu que o desenvolvimento sustentável reúne três áreas importantes - ambiental, social e económica - numa perspetiva integrada, sendo o ambiente apenas uma parte da sustentabilidade e não o seu todo. Robert K. H. et al (2007) verificaram que cada um dos instrumentos de gestão foi concebido para resolver o problema ambiental de uma forma cada vez mais administrativa.

A importância de uma estratégia empresarial sustentável consiste, em primeiro lugar, em assumir o objetivo da sustentabilidade, ou seja, viver e trabalhar de forma a que a sociedade humana seja possível para as gerações futuras, e traduzir este objetivo de sustentabilidade em mudanças exigidas a uma organização individual que preserve a sua capacidade de produzir benefícios humanos, incluindo a rentabilidade necessária à sua sobrevivência, optimizando simultaneamente o equilíbrio ecológico das suas actividades.

Dumitrescu, I. et al (2008) concluíram que o desenvolvimento sustentável incentiva estratégias de proteção que tratam da prevenção da poluição e visam melhorar a qualidade ambiental e reduzir a utilização descontrolada dos recursos.

Atualmente, muitos recursos industriais são dedicados à gestão ambiental. Nos últimos dez anos, foram desenvolvidos vários instrumentos para lidar com os problemas ambientais. No que respeita à gestão ambiental, os sistemas de gestão ambiental (SGA) foram desenvolvidos como uma resposta adequada às questões de sustentabilidade global colocadas por estes instrumentos. De acordo com Psomas et al (2011), os SGA surgiram pela primeira vez na América do Norte na década de 1970 e, no início da década de 1990, vários países desenvolveram as suas próprias normas de SGA, sendo a norma britânica BS7750 talvez a mais conhecida. Estas normas acabaram por ser retiradas em favor da norma ISO 14001, que foi introduzida pela primeira vez em 1996 e se tornou posteriormente a norma mundial para os SGA. Entretanto, os Estados-Membros da União Europeia (UE) desenvolveram o EMAS (Sistema Comunitário de Ecogestão e Auditoria). Outras normas nacionais de menor dimensão, como o Diploma Ambiental, introduzido na Suécia em 2005, foram também desenvolvidas posteriormente e são atualmente utilizadas.

1.5 Sistemas de gestão ambiental na indústria

Todos os problemas ambientais estão interligados, pois resultam quer do consumo de recursos pela sociedade, quer dos resíduos gerados pela utilização desses recursos. Como regra geral, quanto maior a população a ser atendida, maior o problema decorrente do uso dos recursos disponíveis. Os problemas são agravados quando a empresa utiliza recursos não renováveis, como as culturas ou a energia natural.

Para a aplicação voluntária da política ambiental, um sistema de gestão ambiental é um dos instrumentos eficazes que a indústria pode utilizar. O sistema de gestão ambiental consiste em elementos interligados que ajudam uma organização a gerir, medir e melhorar os aspectos ambientais das suas actividades (Netherwood, A., 1996). As actividades incluem o desenvolvimento de uma política ambiental, a definição de objectivos e metas específicos, a implementação de programas para atingir esses objectivos e metas específicos, o controlo e a medição da eficácia dos programas, a correção de eventuais problemas e a revisão dos programas e do seu desempenho global com vista à melhoria (Netherwood, A., 1996).

As emissões libertadas para a atmosfera pelas actividades quotidianas e pelos processos industriais podem causar uma série de problemas para o ambiente local, regional e global. Os problemas locais incluem a má qualidade do ar, que pode levar a problemas de saúde humana. Esta poluição é o resultado de emissões de gases de escape, partículas finas, dioxinas e outras substâncias. No entanto, uma vez presentes na atmosfera, estes poluentes podem produzir, através de reacções secundárias, toda uma série de outros poluentes, alguns dos quais podem ser transportados durante vários quilómetros antes de causarem problemas visíveis, como a "chuva ácida", o baixo teor de ozono e o clima. A chuva ácida resulta da reação de gases como o dióxido de enxofre (SO_2) e os óxidos de azoto com o vapor de água na atmosfera, produzindo formas diluídas de ácido sulfúrico e nítrico. Quando a chuva que contém estes poluentes cai, causa danos generalizados às plantas e aumenta a acidez da água e do solo. Alguns animais selvagens são muito sensíveis a pequenas alterações na acidez do seu ambiente. O baixo teor de ozono é particularmente problemático no verão, quando a luz solar cria smog fotoquímico (um cocktail de poluentes, incluindo hidrocarbonetos não queimados provenientes de veículos, que são os precursores da formação de ozono perto do solo). O ozono afecta gravemente as pessoas que sofrem de asma e bronquite e pode provocar inflamações oculares e dores de cabeça durante os episódios de poluição. As principais fontes deste poluente são os gases de escape dos automóveis, as emissões das incineradoras e as chaminés dos geradores e das caldeiras.

A poluição dos cursos de água (rios, lagos, lagoas, águas subterrâneas, etc.) pode ter consequências graves para a população local, nomeadamente quando estas águas são uma fonte preciosa de água potável. Entre as fontes de poluição contam-se as actividades agrícolas (nitratos provenientes de fertilizantes e estrume), as descargas de fábricas, quer diretamente nos cursos de água, quer através de estações de tratamento de água e de estações de tratamento de águas residuais, os derrames acidentais de produtos químicos, a poluição das águas subterrâneas provenientes de aterros sanitários e muitas outras fontes. Mesmo a libertação de um produto químico "biodegradável" pode causar problemas, uma vez que este consome todas as fontes de oxigénio disponíveis à medida que se decompõe nos seus componentes - a fonte mais óbvia deste oxigénio é o oxigénio contido na água e utilizado pela flora e fauna dessa água. A água só pode absorver uma quantidade limitada de oxigénio, e estes produtos químicos extraem muito, se não todo, o oxigénio durante este processo de reação química.

Ammenberg J. e Sundin E. (2005) constataram que a norma ISO 14001 faz parte de uma série de normas ISO de gestão ambiental. Cerca de 129 0311 empresas utilizam sistemas normalizados de gestão ambiental, prevendo-se que este número aumente de forma constante até janeiro de 2007. Stephen T. (2001) constatou que a norma ISO 14001 é o sistema de gestão ambiental mais utilizado porque pode ser aplicado em todos os tipos de organizações nos sectores da indústria transformadora e dos serviços, ao passo que o EMS é específico de cada local e só pode ser aplicado no sector da indústria transformadora. Cascio J. et al (1996) concluíram que o SGA - ISO 14001 incentiva cada organização a assumir a responsabilidade pelos seus aspectos e impactos ambientais, a utilizar os seus recursos, a estabelecer os seus próprios objectivos, a empenhar-se na melhoria contínua e a sensibilizar o seu pessoal. Baseia-se numa motivação positiva e evita uma política de punição dos erros. Foi dividida, grosso modo, em cinco categorias principais, que são aplicadas de forma sistemática e iterativa. Os principais processos são apresentados na Figura 1.1.

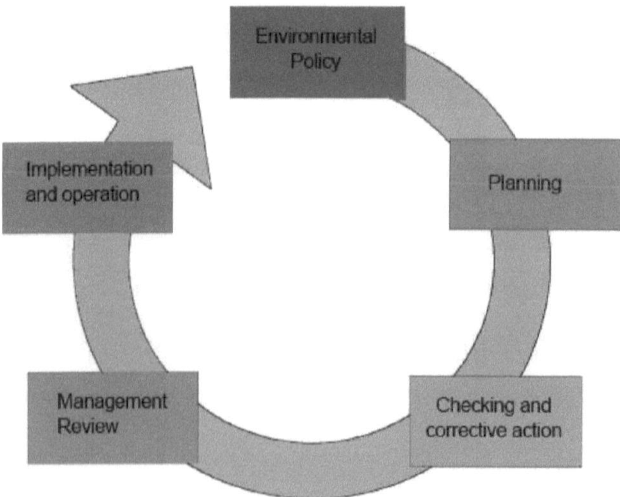

Figura 1.1: Principais processos da ISO 14001

A gestão ambiental não pode ser realizada de forma não planeada, mas deve assegurar uma abordagem sistemática que introduza objectivos de sustentabilidade e permita a medição dos progressos. Cascio J. et al (1996) concluíram também que, de um modo geral, a gestão ambiental melhora o desempenho, substituindo a conformidade pela melhoria contínua. Ammenberg J. e Sundin E. (2005) constataram que muitas empresas, autoridades (públicas e privadas) e indivíduos confiam na certificação ISO14001 para garantir um bom desempenho ambiental.

1.6 Sistema de gestão ambiental na indústria têxtil do Bangladesh

A indústria têxtil tornou-se a espinha dorsal da economia do país, mas também tem estado ameaçada nos últimos tempos. Houve vários incêndios acidentais no sector têxtil, que mataram centenas de trabalhadores, e os incêndios são agora um lugar-comum. O recente desmoronamento de um edifício têxtil em Savar tornou-se um tema quente no Bangladesh e no resto do mundo, com milhares de trabalhadores a perderem a vida. Estes incidentes levantam questões sobre a segurança e a sustentabilidade da indústria têxtil no Bangladesh. A maior parte dos proprietários de fábricas não cumprem os regulamentos mínimos de segurança para o vestuário. Muitos compradores estrangeiros de vestuário pronto a vestir já declararam que não fariam negócios com o país se as condições de segurança e ambientais não fossem garantidas. Além disso, a maioria dos compradores corporativos está a exigir produtos mais amigos do ambiente. Para conciliar requisitos ambientais e sociais mínimos com quantidade, qualidade e relação qualidade/preço, as grandes empresas (multinacionais) no topo da cadeia de valor estão a exercer uma pressão crescente sobre as pequenas e médias empresas (PME).

Atualmente, os produtos amigos do ambiente são uma preocupação global, mas infelizmente a maioria das indústrias têxteis ou dos fabricantes do Bangladesh ainda não estão conscientes deste facto. Não utilizam métodos amigos do ambiente e, por conseguinte, não podem colocar indicadores de sustentabilidade nos seus produtos. No entanto, alguns fornecedores da indústria têxtil do Bangladesh estão conscientes desta pressão e reconhecem que devem cumprir as normas sociais e ambientais. Consequentemente, a abordagem passou a estar associada ao conceito de responsabilidade social das empresas (RSE), do qual o ambiente é um dos aspectos mais importantes. Por outras palavras, a gestão ambiental é uma parte essencial do programa de RSE de qualquer empresa, devendo ser criados e aplicados sistemas de gestão ambiental (SGA). El Ghoul, S., et al. (2010) concluíram que as actividades de RSE ajudam a melhorar as relações com as partes interessadas e o empenho organizacional dos trabalhadores e a reduzir os riscos. Os clientes consideram que as organizações com melhor desempenho ambiental são menos arriscadas.

Ingrid, Stigzelius e Cecilia, Mark-Herbert (2009) referem que as partes interessadas internacionais e nacionais apelaram a que a responsabilidade social das empresas (RSE) fosse incluída na agenda da indústria têxtil. No início da década de 1990, as organizações americanas de trabalhadores e de direitos humanos lançaram o "movimento anti-sweatshop" na indústria do vestuário e do calçado. Depois de os meios de comunicação social terem revelado que a produção era efectuada em fábricas de exploração, o fabricante de vestuário americano Levi-Strauss elaborou o seu primeiro código de conduta em 1991. Em 2006, a CNTAC informou que muitas empresas de renome tinham elaborado os seus próprios códigos de conduta, que gradualmente se transformaram num "movimento de códigos de conduta" com um impacto internacional de grande alcance.

O Pacto Global das Nações Unidas (UNGC) incentiva as empresas de todo o mundo a tomarem medidas sustentáveis e socialmente responsáveis e a comunicarem a sua implementação (www.unglobalcompact.org), seguindo-se uma abordagem de RSE. O UNGC é uma iniciativa estratégica para as empresas que se comprometem a alinhar as suas operações e estratégias com dez princípios universalmente aceites em quatro áreas: direitos humanos, trabalho, ambiente e anticorrupção. A vertente ambiental da RSE, que se baseia na Produção mais Limpa e no SGA, responde igualmente aos três princípios seguintes dos dez princípios que as empresas devem respeitar no domínio do ambiente.

- **Princípio 7:** Apoiar uma abordagem preventiva dos problemas ambientais ;
- **Princípio 8:** tomar iniciativas para promover a responsabilidade ambiental; e
- **Princípio 9:** Incentivar o desenvolvimento e a divulgação de tecnologias respeitadoras do ambiente.

[th]O SGA é comparável ao objetivo 7 dos Objectivos de Desenvolvimento do Milénio, definido como "assegurar a sustentabilidade ambiental", que visa integrar os princípios do desenvolvimento sustentável nas políticas e programas nacionais e inverter a perda de recursos ambientais.

A gestão ambiental é a gestão da responsabilidade de uma organização pelo seu impacte no ambiente. Por outras palavras, o SGA é um conjunto de processos e práticas que permitem a uma organização reduzir o seu impacto ambiental e melhorar a sua eficiência operacional de uma forma sistemática e eficaz em termos de custos (www.epa.gov). Entretanto, a produção mais limpa é definida como a aplicação contínua de uma estratégia ambiental preventiva integrada a processos e produtos, a fim de reduzir os riscos para as pessoas e o ambiente (PNUA, 1996). Esta abordagem baseia-se em três princípios principais: evitar e minimizar, reutilizar e reciclar e recuperar energia (www.unido.org).

Das definições anteriores resulta claramente que o SGA e a produção mais limpa estão intimamente ligados e devem ser abordados de forma integrada. A aplicação combinada da Produção mais Limpa e do SGA oferece benefícios ambientais e económicos a uma organização, de uma forma sustentável e sistemática.

A fim de melhorar a indústria têxtil no Bangladesh em conformidade com as normas globais, para as quais a RSE e o ambiente são um contributo essencial, e acelerar o desenvolvimento das estratégias correspondentes, o primeiro passo deveria ser uma análise da situação em matéria de questões ambientais e sociais. A situação ambiental dos fabricantes deve ser avaliada para se obter uma análise actualizada e fiável.

1.7 Objetivo do estudo

A falta de conhecimentos sobre a sensibilização ambiental e a segurança no local de trabalho tornou necessário um estudo para avaliar a sensibilização e o desempenho ambiental na indústria têxtil. Os resultados desta avaliação devem evidenciar lacunas e deficiências e conduzir a possíveis medidas e recomendações relativas ao aspeto ambiental, que incluiriam questões mais amplas de desenvolvimento sustentável. Deverá também contribuir para o desenvolvimento de uma estratégia de responsabilidade social das empresas (RSE) para a indústria têxtil no Bangladesh, que apoiará a integração dos princípios ambientais no quadro político global do sector. O aspeto ambiental da RSE consiste principalmente na gestão ambiental. De acordo com a metodologia do Programa de Realização de Empresários Responsáveis (REAP), a gestão ambiental é parte integrante do programa de RSE de qualquer empresa, e a componente ambiental da RSE inclui a introdução de soluções empresariais, tais como sistemas de produção e de gestão ambiental mais respeitadores do ambiente, ambos considerados como estratégias eficazes para reduzir os custos e aumentar os lucros através da redução dos resíduos, da melhoria das operações comerciais ou da eliminação de ineficiências (http://www.unido.org, REAP, Guia de Gestão Ambiental).

Neste contexto, o estudo centra-se, em particular, na recolha e análise de dados relativos a questões ambientais e de produção mais limpa para a indústria têxtil, através de um estudo de inquérito abrangente que será desenvolvido e divulgado em conformidade.
O principal objetivo do estudo era realizar e completar as seguintes tarefas:

- Analisar as políticas existentes.
- Determinação do ambiente de trabalho.
- Análise dos resultados do inquérito, visitas às empresas, entrevistas presenciais e modelos empresariais, e avaliação pormenorizada.
- Concentrar-se num processo de produção respeitador do ambiente.

Este estudo poderá conduzir a uma nova era para a indústria têxtil no Bangladesh. Ajudará a reduzir outras ameaças ao sector. Para além do caminho sustentável proposto, o estudo mostrará ao país melhores práticas e caminhos para a indústria têxtil e ajudará a redefinir a política e a regulamentação têxteis. Todas estas medidas podem restaurar a reputação do país e reforçar a sua economia, atraindo mais compradores estrangeiros e fazendo negócios com eles.

1.8   Hipótese

A hipótese deste estudo é que "as decisões ou abordagens estratégicas na indústria têxtil devem ser amigas do ambiente".

O estudo sobre o "Sistema de gestão ambiental da indústria têxtil no Bangladesh: limitações e soluções" é o primeiro a ser realizado no Bangladesh. A maioria dos estudos tem sido efectuada sobre o desenvolvimento sustentável no Bangladesh. Este estudo centra-se na situação atual do sistema de gestão ambiental na indústria têxtil do Bangladesh e na sua melhoria.

1.9   Limites do estudo

Há que salientar um certo número de condicionalismos:

- O carácter relativamente recente do tema - que reforça a resistência aos sistemas de gestão ambiental na indústria têxtil.
- a dificuldade de encontrar critérios e indicadores para avaliar o impacto das estratégias de reforço da resiliência desenvolvidas por diferentes actores na comunidade, a nível estatal, internacional ou por actores não estatais.
- Restrições logísticas e tempo limitado.
- Âmbito do tema: o sistema de gestão ambiental na indústria têxtil é um tema muito vasto.
- Falta de conhecimento do inquirido sobre o sistema de gestão ambiental.

Capítulo 2

REVISÃO DA LITERATURA

Um inquérito oferece a oportunidade de avaliar e racionalizar cada uma das soluções propostas num ambiente de produção industrial realista. Constitui uma oportunidade para confrontar os conhecimentos actuais e adquirir uma visão das práticas industriais estabelecidas. No caso da indústria têxtil, constitui uma oportunidade para adquirir conhecimentos específicos da indústria têxtil.

Um sistema de gestão do ambiente, da saúde e segurança, da qualidade e também das finanças é muito importante para uma organização. No entanto, quando se estabelece a hierarquia de um sistema de gestão, as finanças são sempre colocadas num lugar mais alto e o ambiente num lugar mais baixo. Mas a gestão ambiental desempenha um papel importante num sistema de gestão. Se a gestão financeira gere as finanças de uma empresa e a gestão da qualidade gere a qualidade dos seus produtos e processos, faz sentido que a gestão ambiental gere o ambiente em que a empresa opera.

A fim de estabelecer um mapa concetual de todas as actividades desenvolvidas no âmbito dos sistemas de gestão ambiental, é efectuada uma revisão da literatura. A pesquisa bibliográfica é útil para identificar os temas actuais da gestão ambiental, as políticas ambientais e os mecanismos de aplicação das medidas.

2.1   Panorama dos sistemas de gestão ambiental

A Associação de Fabricantes e Exportadores de Vestuário do Bangladesh (BGMEA) formulou o seu próprio código de conduta para o sector, em colaboração com os principais sindicatos, e criou uma unidade de conformidade para controlar as condições de trabalho nas fábricas dos seus membros (ver UNIFEM (2008)). Em 2006, após doze anos de consultas e actividades, o governo adoptou um novo código do trabalho que se aplica a todos os trabalhadores. As novas secções relevantes para a indústria do vestuário incluem contratos escritos e bilhetes de identidade, pagamento pontual de salários, um salário mínimo revisto, licença de maternidade paga e leis explícitas contra o assédio sexual. Haider, Mohammed Ziaul (2007) concluíram que o sistema de quotas de exportação e a disponibilidade de mão de obra barata são as duas principais razões do sucesso da indústria. A UNIFEM (2008) também constatou que os empregadores locais da indústria do vestuário do Bangladesh têm agora de provar o cumprimento destes códigos para poderem obter contratos com compradores internacionais. A Organização Internacional do Trabalho (2010) conclui que os compradores tomam decisões de compra com base em quatro factores: preço, qualidade, tempo de chegada ao mercado e cumprimento das normas sociais, incluindo as normas laborais. Das, Subrata (2008) concluiu que, para a exportação de vestuário pronto a vestir, não só os parâmetros de qualidade são importantes para a aceitação do produto para a utilização final pretendida, como também o ambiente de trabalho em que o vestuário será fabricado é igualmente importante para garantir que o conceito de fábricas de exploração é plenamente tido em conta e que o código de conduta é orientado para a consecução dos objectivos de conformidade social. Mahmud R. B. (2012) constatou que as condições dos trabalhadores nas fábricas e em algumas grandes fábricas melhoraram quando as empresas que trabalham com compradores estrangeiros aderiram a códigos de conduta e foram introduzidos outros benefícios, como o pagamento de salários a tempo, taxas razoáveis de horas extraordinárias e licença de maternidade. Haider, Mohammed Ziaul (2007) constatou que a dimensão social da indústria têxtil é cada vez mais tida em conta pelos consumidores, assistentes sociais, instituições de caridade e compradores de marcas internacionais. O cumprimento dos códigos de conduta é muito importante para os compradores internacionais e, atualmente, muitos deles exigem o cumprimento do seu "código de conduta" antes de efectuarem uma encomenda de importação de vestuário. Para permanecer no sector, o Bangladesh deve, portanto, melhorar as condições de trabalho nas fábricas, o sistema de gestão ambiental e vários aspectos sociais ligados à indústria de RMG. PROGRESS, um projeto conjunto do Ministério do Comércio do Bangladesh e do Ministério Federal Alemão, centrou, por conseguinte, a sua atenção no domínio do cumprimento das normas sociais e apoia o governo nos seguintes domínios A implementação do novo código do trabalho, campanhas nos meios de comunicação social, medidas de formação e reciclagem para inspectores e consultores, bem como a introdução de um novo sistema de monitorização e avaliação (Embaixada da Alemanha, 2010). As observações de Hossain, Hameeda (2007), do organizador do fórum, Shromik Nirapotta, os artigos de imprensa e as declarações dos líderes empresariais indicam uma vontade de reconhecer os problemas reais relacionados com o trabalho, como o demonstra o facto de a BGMEA e a BKMEA terem admitido a necessidade de rever as tabelas salariais, emitir certificados de trabalho e não impor horas extraordinárias. Foi também levantada a questão das condições de segurança.

As condições de trabalho na indústria do vestuário do Bangladesh foram objeto de numerosos estudos. Qudus e Uddin S. (1993) concluíram que as condições de trabalho no sector das RMG violavam frequentemente as normas laborais internacionais e os códigos de conduta. Em comparação com as normas ocidentais, a política de recrutamento é muito informal e não existem contratos formais escritos ou cartas de nomeação. Por conseguinte, os trabalhadores podem perder o emprego em qualquer altura. No entanto, o medo de perder o emprego e a falta de oportunidades de emprego alternativas obrigam os trabalhadores a continuar em empregos insatisfatórios, como observou Bansari, N. (2010). Kumar A. (2006) constatou que os trabalhadores da indústria do vestuário enfrentam longas horas de trabalho ou turnos duplos consecutivos, um ambiente de trabalho pessoalmente inseguro, más condições de trabalho, discriminação salarial e discriminação de género. Kumar A. (2006) constatou também que os empregadores tratam os trabalhadores da indústria do vestuário como escravos e exploram os trabalhadores para aumentar as suas margens de lucro e manter a sua indústria competitiva face à crescente concorrência internacional. Considera-se que o Bangladesh tem um problema de trabalho infantil, em especial no sector dos RMG. Rahman M.M. et al (1999) constataram que, na maioria dos casos, as crianças começam a trabalhar muito jovens, o que provoca ferimentos graves e, por vezes, até a morte no local de trabalho. No entanto, as condições de trabalho no sector dos RMG estão a melhorar de dia para dia, passando a cumprir as normas da OIT. As más práticas incluem a ausência de sindicatos, o recrutamento informal, os salários irregulares, os despedimentos repentinos, a discriminação salarial, o trabalho excessivo e o abuso do trabalho infantil. Os trabalhadores sofrem de várias doenças devido à insalubridade do ambiente e alguns deles morrem em acidentes de trabalho, incêndios e ataques de pânico. As trabalhadoras estão sujeitas a assédio sexual e violência física, tanto dentro como fora das fábricas, mas a direção não garante a sua segurança. As medidas regulamentares propostas por Alam et al (2004), e a sua aplicação e controlo rigorosos pelas autoridades governamentais, poderiam resolver o problema da segurança no local de trabalho dos trabalhadores do sector do vestuário no Bangladesh. Dado que o sector é uma importante fonte de divisas, são necessárias algumas mudanças.

Devido à limitação do espaço de trabalho, as zonas de trabalho estão frequentemente sobrelotadas, o que conduz a riscos profissionais como as perturbações músculo-esqueléticas e as doenças contagiosas. Majumder, P.P. (1998) constatou que os ferimentos, as mortes, as incapacidades e as fatalidades devidas a incêndios e desmoronamentos de edifícios são comuns no sector dos RMG. A ausência de um sistema de controlo das normas laborais e a ineficácia dos códigos de construção, a aplicação inadequada e a obsolescência da legislação laboral, bem como a falta de sensibilização dos trabalhadores para os seus direitos.

A agitação industrial é um termo utilizado pelos empregadores ou, de um modo mais geral, no mundo dos negócios para descrever a organização e a ação grevista dos trabalhadores e dos seus sindicatos, particularmente quando os litígios são resolvidos pela violência ou quando os litígios industriais, em que os membros de uma força de trabalho interferem com o funcionamento normal da empresa, conduzem à agitação industrial. Os empregadores não chamam a atenção para os direitos dos trabalhadores, ignoram as normas laborais e desrespeitam as práticas laborais justas. A OIT (2003) e a BGMEA (2003) constataram que a criação de um sindicato é frequentemente impedida por uma repressão severa, despedimentos, detenções, agressões por vândalos contratados pelos empregadores e outras práticas contrárias às normas internacionais do trabalho e aos códigos de conduta. O papel fundamental dos sindicatos cambojanos no sector do vestuário e como mediadores entre os trabalhadores e os proprietários das fábricas na resolução de litígios e nas discussões salariais é descrito por Morshed, M.M. (2007). Khan, F.R. (2006) observou que, para evitar a agitação no sector dos RMG, é necessário reforçar o cumprimento da legislação social e das normas laborais, a fim de melhorar os salários, o horário de trabalho, as horas extraordinárias, a segurança no local de trabalho, o direito de constituir sindicatos, a segurança social, a saúde e segurança no trabalho e as condições ambientais.

A OIT (2004) conclui que, qualquer que seja o nível de desenvolvimento de cada Estado-Membro, os seguintes pontos são fundamentais para os direitos das pessoas no trabalho: liberdade de associação; reconhecimento efetivo do direito de organização e de negociação colectiva; eliminação de todas as formas de trabalho forçado ou obrigatório; abolição efectiva do trabalho infantil; eliminação da discriminação em matéria de emprego e de profissão.

O cumprimento das normas sociais e ambientais é muito importante na indústria do vestuário, tanto para manter a qualidade dos produtos como para satisfazer as expectativas do mercado de exportação. Os exportadores do Bangladesh estão sob pressão constante para cumprirem as normas laborais internacionais. Uma iniciativa governamental eficaz a este respeito pode fornecer a base para negociar com os compradores uma série de códigos de conduta baseados na legislação nacional e nas normas laborais fundamentais. Khan, F.R. (2006) afirmou que as ONG, a sociedade civil, os sindicatos e outras partes interessadas devem trabalhar em conjunto para adotar o código de conduta para uma indústria de RMG viável e competitiva. O governo, as ONG, as agências internacionais, os compradores e outras partes interessadas estão empenhados em cumprir integralmente os requisitos vinculativos.

A USEPA (1996b) concluiu que o processamento têxtil gera muitos fluxos de resíduos, incluindo águas residuais com base na água e emissões atmosféricas, poluição da água e resíduos perigosos, e que o tipo de resíduos gerados depende do tipo de instalação têxtil, dos processos e tecnologias utilizados e das fibras e produtos químicos utilizados.

Trotman. E.R. (1964) constatou que o processamento por via húmida na indústria têxtil consome grandes quantidades de energia e produtos químicos, exigindo a utilização de vários banhos químicos, muitas vezes a altas temperaturas, para obter as propriedades desejadas dos tecidos acabados. No processamento por via húmida, são utilizadas várias instalações e máquinas com diferentes equipamentos para preparar os tecidos.

Smith, B. (1986) concluiu que a indústria têxtil é uma indústria com utilização intensiva de produtos químicos e que as águas residuais provenientes do processamento de têxteis contêm, por conseguinte, resíduos de operações de preparação, tingimento, acabamento e outras que podem causar danos se não forem devidamente tratadas antes de serem descarregadas no ambiente.

Hammarplast AB (2005) constatou que a qualidade dos produtos é constantemente melhorada, enquanto a poupança de energia e a desmaterialização são utilizadas como parte da gestão ambiental. O autor salientou ainda que, ao envolver as partes interessadas, a empresa envolve diferentes actores na tomada de decisões; a empresa investe também no desenvolvimento de produtos e processos respeitadores do ambiente.

Massey DW, et al (1997) descrevem que, na última década do milénio, uma das mudanças mais fundamentais com impacto nos decisores políticos é, sem dúvida, a adoção quase universal do conceito de desenvolvimento sustentável. Em 1992, realizou-se no Rio de Janeiro a Conferência das Nações Unidas sobre o Ambiente e o Desenvolvimento, que reuniu 110 chefes de Estado e de Governo e representantes de 153 países para discutir a forma de integrar as questões ambientais no desenvolvimento. Anderson J. (1998) e O'Riorden T. (1995) constataram que, no Rio, o equilíbrio entre o desenvolvimento económico, o desenvolvimento sustentável, a proteção do ambiente e a justiça social nos países em desenvolvimento foi destacado como uma preocupação fundamental.

Para reduzir o impacto ambiental de uma organização e melhorar a sua eficiência operacional, um sistema de gestão ambiental (SGA) é um conjunto de procedimentos e práticas eficazes. É um sistema de gestão voluntário para identificar, gerir e monitorizar as actividades de uma organização que têm um potencial impacto no ambiente. Fornece uma estrutura e consistência para monitorizar as actividades diárias, mudando o enfoque de reativo para proactivo. A adoção voluntária de SGA está a aumentar em todo o mundo, à medida que a indústria e as organizações reconhecem o seu valor para o ambiente e o mercado.

Thornton, R. (2003) observa que a norma ISO 14001 é muitas vezes referida como uma norma "verde", uma vez que estabelece requisitos específicos para um SGA completo. A norma foi formalmente publicada em 1996 e foi concebida para permitir que as organizações desenvolvam estratégias e objectivos no âmbito de um quadro de gestão estruturado. Goodshall, L. E. (2000) considerou que a ISO 14001 é uma norma específica, baseada nos conceitos empresariais da Gestão da Qualidade Total (GQT) para a melhoria contínua ou o ciclo planear-fazer-verificar, em que um procedimento é desenvolvido, implementado e depois melhorado conforme necessário. Goodshall, L. E. (2000) observou igualmente que a Proctor and Gamble se opunha muito claramente à norma 14001 e declarou que não queria ter nada a ver com as suas directrizes.

O contexto institucional tem uma grande influência no desenvolvimento de estratégias de gestão ambiental (Hoffman, A. J., 2001). Os motores das práticas de gestão ambiental têm sido estudados de diferentes ângulos, por exemplo, a influência do mercado pelos clientes, concorrentes, investidores, fornecedores, etc., bem como a influência de outros actores institucionais, como governos, associações ou grupos industriais (Delmas, M. A. e Toffel, M. W., 2004; Hoffman, A. J., 2001). Bansal, P. e Roth, K. (2000), Buysse, K. e Verbeke, A. (2003), bem como Sharma, S. e Henriques, I. (2005) concluíram também que os factores internos incluem, para além dos factores externos, os valores da empresa, a pressão dos trabalhadores e os objectivos de gestão.

Child, J. e Tsai, T. (2005) referem que os requisitos ambientais são um facto da vida da organização na maioria dos contextos institucionais. Aravind, D. e Christmann, P. (2011) e Delmas, M. A. e Toffel, M. W. (2008) referem também que os factores que determinam o comportamento ambiental provêm de componentes internos e externos à organização e exercem pressão para reduzir as externalidades negativas. Estes factores dependem do contexto e podem ter efeitos diferentes nas práticas de gestão ambiental da organização, segundo Delmas, M. A. e Toffel, M. W. (2008). As economias emergentes são mais tolerantes com as actividades poluentes e adoptam um comportamento de exploração do ambiente natural em termos de desempenho ambiental (Child, J. e Tsai, T., 2005; Hoskisson, R. E. et al. 2013). Aravind, D. e Christmann, P. (2011), Child, J. e Tsai, T. (2005) e Gavronski, I. et al. (2012) explicaram que existem poucos estudos sobre a gestão ambiental nos países emergentes, embora a expansão económica tenha aumentado a pressão sobre o ambiente natural.

Brorson e Larsson (1999) observaram que as normas relativas aos sistemas de gestão ambiental têm vindo a ser desenvolvidas há vários anos. A primeira norma de gestão ambiental foi introduzida pelo British Standards Institution (BSI) em 1992 (BS 7750). Em setembro de 1996, a Organização Internacional de Normalização (ISO) introduziu a série ISO 14000, que especifica os requisitos de um SGA, tal como descrito por Clements, R. B. (1996) e Brorson, T. e Larsson, G. (1999). A norma aplica-se aos aspectos ambientais sobre os quais a empresa tem controlo ou sobre os quais pode esperar ter influência (Clements, R. B., 1996). A adoção de um SGA pode ser uma fonte de vantagem competitiva para sectores e organizações que pretendam afirmar-se na cena internacional. Roy, M., e Vezina, R. (2001) mostram também que as iniciativas ambientais podem ser utilizadas para melhorar a capacidade de inovação de uma organização. Sheldon, C. (1997) refere que a norma ISO 14001 foi muito bem recebida pelas pessoas que trabalham na administração pública, nas empresas e na ciência. Moxen, John, e Strachan, P. A. (2000) consideram que a norma é útil e terá uma influência positiva no futuro da gestão ambiental. Stapleton JP et al (2001) argumentaram que a ISO 14001 pode fornecer um quadro para melhorias significativas do desempenho organizacional.

Foram analisados documentos relevantes como o SGA, a ISO14001 e a sustentabilidade estratégica. Livros, jornais em linha, artigos revistos por pares, revistas, teses de mestrado e doutoramento foram as principais fontes para a revisão da literatura.

Foi utilizada uma pesquisa bibliográfica para elaborar um mapa concetual de todas as actividades realizadas no âmbito dos sistemas de gestão ambiental. Através da pesquisa bibliográfica, foram identificados os temas actuais da gestão ambiental, os instrumentos de política ambiental e os mecanismos de aplicação das políticas.

2.2   Conceito do estudo

A indústria têxtil do Bangladesh tornou-se a espinha dorsal da economia do país, mas também tem estado recentemente sob ameaça. Vários incêndios acidentais, que custaram a vida a centenas de trabalhadores, e incêndios são agora comuns. O colapso de uma fábrica de vestuário em Savar, em 2013, tornou-se um tema quente, tanto no Bangladesh como em todo o mundo, uma vez que milhares de trabalhadores perderam a vida. O incidente pôs em causa a segurança e a sustentabilidade da indústria têxtil no Bangladesh. A maioria das fábricas não cumpre os regulamentos mínimos de segurança para a indústria têxtil. Muitos clientes estrangeiros habituais tornaram-se muito rigorosos no que respeita à segurança no local de trabalho e à poluição ambiental. Já declararam que não pretendem fazer negócios com o país devido à falta de uma gestão adequada da segurança e do ambiente.

Desde a introdução do sistema de gestão ambiental, foram efectuados muitos estudos sobre a implementação, incluindo motivações, benefícios e dificuldades. Pokśinska, B. et al (2003) realizaram um estudo especificamente na Suécia, através de um inquérito sobre a aplicação da norma ISO 14000, incluindo as motivações para a aplicação e os benefícios percebidos. O estudo revelou que as empresas suecas utilizam a norma principalmente para demonstrar o seu empenho na proteção do ambiente e que a maior parte dos benefícios são também percebidos na melhoria das relações com as partes interessadas e nas vantagens de marketing. Emilsson S. e Hjelm O. (2002) realizaram um estudo sobre a adoção de SGA pelas autoridades locais suecas, centrando-se nas razões para a adoção, nas expectativas e em alguns dos resultados ambientais observados. O estudo mostrou que a principal razão para a adoção do SGA era organizacional, por exemplo, para pôr ordem nos esforços ambientais.

Hillary, R. (2004) realizou um estudo sobre sistemas de gestão ambiental, centrado na implementação da norma ISO 14001 em pequenas e médias empresas (PME) em toda a Europa, e tentou destacar os obstáculos, as oportunidades e os factores que impulsionam a adoção de SGA no sector das PME. O estudo destaca uma série de questões que afectam a implementação de um SGA formalizado, mas conclui que as PME retiram benefícios reais da adoção de um SGA.

Num estudo realizado por Gavronski, I. et al (2008), um inquérito a empresas brasileiras identificou quatro fontes de motivação: resposta a pressões de partes interessadas externas, ação proactiva em antecipação de futuras preocupações comerciais, preocupações legais e influências internas. O estudo identificou ainda quatro dimensões que caracterizam os benefícios da certificação ISO 14001: alterações operacionais, impacto financeiro, relações com as partes interessadas operacionais (clientes, concorrentes e fornecedores) e relações com as partes interessadas sociais (governo, sociedade e ONG). Hui, I.K. et al. (2001) realizaram um inquérito para analisar as práticas de SGA em Hong Kong, incluindo os factores considerados pelas empresas na implementação de um SGA, os benefícios da implementação de um SGA, as actividades comerciais realizadas pelas empresas para obter esses benefícios e os benefícios comerciais obtidos com a implementação de um SGA. Os resultados do estudo mostraram que a maioria das empresas inquiridas tinha uma atitude positiva em relação à adoção do SGA e acreditava que este poderia efetivamente aumentar a sua competitividade na economia.

Psomas, E.L. et al (2011) constataram que, apesar da existência de tais estudos, ainda há uma grande necessidade de investigação para demonstrar as vantagens e desvantagens dos sistemas de gestão ambiental. Os debates sobre a importância do sistema de gestão ambiental, e da ISO 14001 em particular, e a sua capacidade de atingir os objectivos que persegue, começaram no início da década de 1990 e continuam até aos dias de hoje (Ann, G.E. et al., 2006). No que respeita à afirmação de Lopez-Rodriguez, S. (2009), é necessário um conhecimento mais profundo das razões, das funções organizacionais e dos resultados, uma vez que estes podem variar ao longo do tempo e entre países. Além disso, faltam estudos que se centrem em normas específicas de cada país e não foi possível encontrar qualquer revisão da literatura sobre sistemas de gestão ambiental na indústria têxtil do Bangladesh. Tal como Psomas, E.L. et al. (2011) referem, é necessário um conhecimento profundo do sistema de gestão ambiental por parte das empresas para que estas operem de forma eficiente e amiga do ambiente.

A maioria das fábricas de vestuário no Bangladesh presta pouca atenção às normas e aos direitos laborais, proíbe as actividades sindicais, garante um ambiente de trabalho perigoso, a poluição ambiental, leis ineficazes e não respeita práticas laborais justas, sendo a aplicação da legislação limitada e o papel das partes interessadas restrito. Consequentemente, uma melhoria substancial das autoridades competentes, acompanhada de força e capacidade suficientes para desempenhar as suas tarefas e responsabilidades, é uma condição prévia para o controlo do cumprimento da legislação ambiental e social. A questão de investigação é, por conseguinte, a seguinte:

a) **Empregadores ou proprietários de têxteis, incluindo as preocupações governamentais e internacionais no sector, e isso conduz a uma melhoria das condições ambientais?**

As questões de investigação acima referidas foram retiradas da revisão da literatura. Estas questões estão relacionadas com a regulamentação governamental, os sistemas de gestão ambiental, as condições de trabalho e os aspectos de saúde e segurança relacionados com o

cumprimento da regulamentação ambiental.

42

Capítulo 3

METODOLOGIA

Neste estudo, foram seguidas duas abordagens principais para a recolha de dados. Uma foi uma pesquisa bibliográfica e a outra um inquérito por questionário apoiado por entrevistas semi-estruturadas. A literatura foi revista a fim de obter informações fiáveis sobre a responsabilidade ambiental na indústria têxtil, bem como uma panorâmica geral da situação atual da indústria têxtil no Bangladesh (particularmente na região-alvo). Foi então desenvolvido um quadro concetual antes de se proceder à análise detalhada do inquérito.

A avaliação dos problemas ambientais na indústria têxtil, com especial incidência na região-alvo (Savar), foi efectuada por fases, como mostra a Figura 3.1. Como se pode ver na Figura 4.1, a espinha dorsal do estudo é a "análise da situação existente", que é uma análise da gestão ambiental ao nível micro. No final do estudo, as principais conclusões do estudo foram brevemente enumeradas e foram desenvolvidas recomendações.

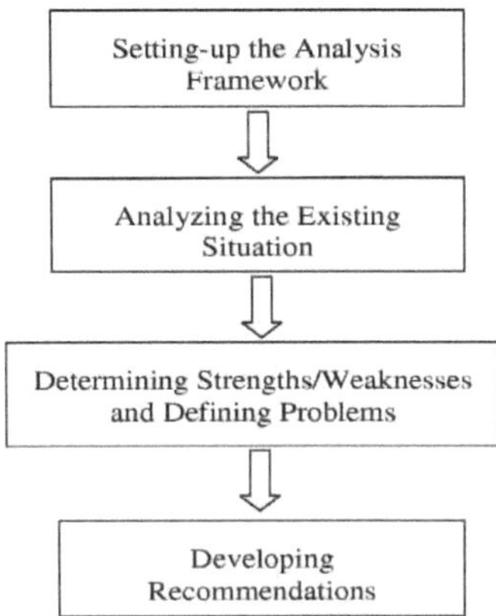

Figura 3.1: Avaliação dos problemas ambientais na indústria têxtil

3.1   Análise a nível micro: empresas do sector têxtil

Foram formuladas 22 perguntas sob a forma de um questionário com o objetivo de compreender melhor a perceção/compreensão/consciência das empresas da indústria têxtil no que respeita à gestão ambiental. As perguntas constam do Anexo 1. As perguntas foram agrupadas em 3 temas:

1. Pergunta geral sobre a compreensão dos dados da empresa

2. Questionários sobre o sistema de gestão ambiental do sector

3. Recomendações para melhorar o sistema de gestão ambiental na indústria têxtil

Os questionários foram preenchidos por empresas têxteis na área-alvo de Savar, Dhaka, Bangladesh (ver Figura 3.2). Savar Upazila no distrito de Dhaka cobre uma área de aproximadamente 280,12 km² e situa-se entre 23°44' e 24°02' de latitude norte e entre 90°11' e 90°22' de longitude leste. Faz fronteira a norte com as Upazilas de Kaliakair e Gazipur Sadar, a sul com a Upazila de Keraniganj, a leste com Mohammadpur, Adabar, Darus Salam, Shah Ali, Pallabi e Turag Thanas e a oeste com as Upazilas de Dhamrai e Singair.

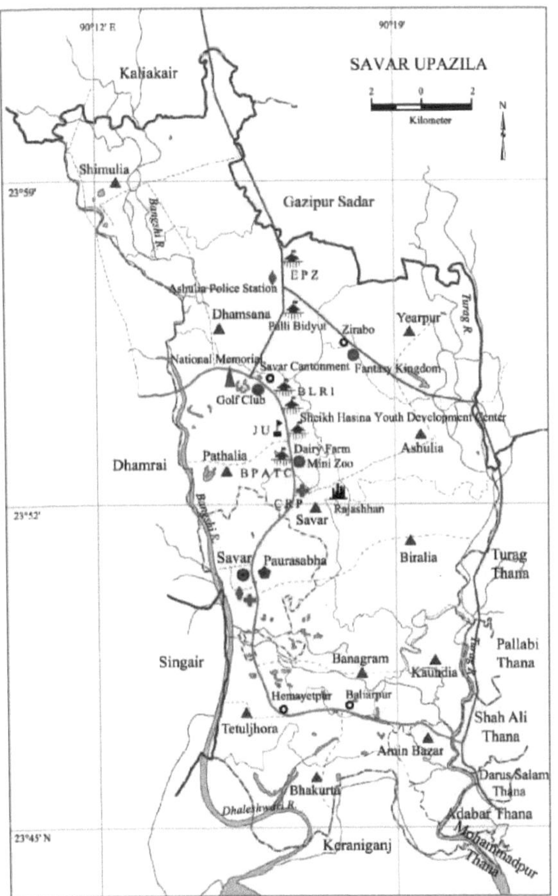

Figura 3.2: Área de estudo (cortesia do Google)

Foram também enviados questionários por correio eletrónico a outras empresas têxteis da região-alvo, a fim de obter informações pormenorizadas sobre a sua situação/desempenho ambiental através do preenchimento dos questionários. Como veremos nas secções seguintes, os principais impactos ambientais associados à produção têxtil são causados por processos húmidos.

Durante as comunicações por correio eletrónico e as visitas às empresas, 26 empresas da região-alvo preencheram os questionários. A fim de garantir a fiabilidade do estudo, os

45

questionários com menos de 80% de respostas foram eliminados antes da análise. Por outras palavras: apenas os questionários com uma taxa de resposta de pelo menos 80% foram avaliados para posterior análise.

Um dos principais objectivos do estudo era determinar a situação ou o desempenho ambiental na região-alvo. Os dados foram recolhidos junto das empresas inquiridas através de entrevistas semi-estruturadas e de questionários preenchidos em conjunto.

Com base nas perguntas (e temas) que compõem o questionário, a situação/desempenho ambiental das empresas foi avaliada em cinco domínios:

1. Política geral do ambiente e práticas de gestão

2. Perspectivas da legislação ambiental

3. Práticas gerais de gestão de resíduos

4. Controlo e gestão dos recursos/resíduos para os minimizar na fonte

5. Desempenho ambiental

3.2   Análise da situação

O estudo recolheu e analisou estudos de casos de boas práticas de gestão ambiental e de processos de produção limpos na indústria têxtil, com base no seu desempenho em quatro áreas principais:

1. Política geral do ambiente e práticas de gestão

2. Perspectivas da legislação ambiental

3. Práticas gerais de gestão de resíduos

4. Monitorizar e gerir os recursos e os resíduos para os minimizar na fonte

A ideia básica subjacente a esta atividade é fornecer estudos de casos que possam ser utilizados como uma ferramenta para as PME da indústria têxtil, a fim de as incentivar a melhorar o seu desempenho neste domínio. Por outras palavras, a ideia subjacente à apresentação dos modelos empresariais é mostrar bons exemplos, especialmente às PME, e incentivá-las a melhorar o seu desempenho ambiental. Embora o objetivo inicial fosse selecionar "PME da região-alvo" como modelos empresariais, verificou-se, no decurso do estudo, que os melhores casos e os bons exemplos tendiam a provir de grandes empresas e de outras regiões do Bangladesh. Este é, de facto, um resultado esperado, dado que as actividades ambientais relacionadas com a RSE, e em particular a produção mais limpa, são conceitos relativamente novos para o Bangladesh e para a indústria do Bangladesh. É, pois, natural que as empresas pioneiras mostrem o caminho a outras, nomeadamente às PME. Tendo isto em mente, este estudo seleccionou uma série de modelos empresariais e apresentou-os em termos do seu desempenho, com base nas cinco áreas-chave acima mencionadas.

3.3 Elaboração de recomendações

O objetivo deste estudo era destacar lacunas e défices e deduzir possíveis medidas e recomendações em relação à promoção de uma maior aceitação das questões ambientais pelas pequenas e médias empresas têxteis e pelas políticas governamentais relevantes no âmbito de uma abordagem de RSE. Neste contexto, foram desenvolvidas recomendações com base nos resultados das microanálises. Foram também tidas em conta recomendações específicas para as diferentes indústrias de vestuário na região seleccionada.

Seguindo a metodologia utilizada no projeto supramencionado, as recomendações desenvolvidas foram classificadas em seis categorias principais, definidas pelo PNUA como as "principais fases do desenvolvimento do conceito de produção mais limpa de um país" (ver Figura 3.3).

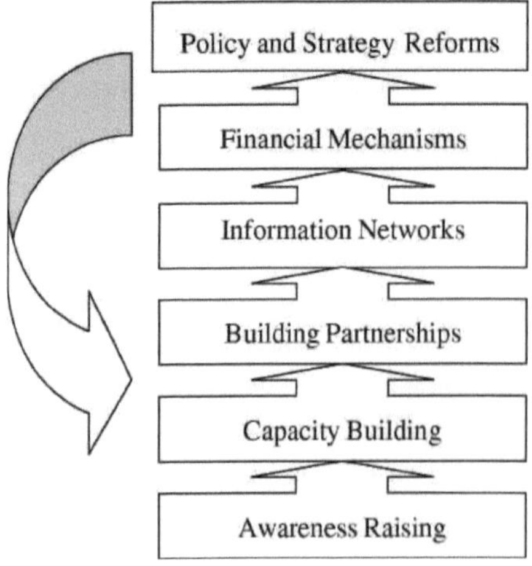

Figura 3.3: Processo típico de desenvolvimento de um conceito de produção mais ecológica num país (PNUA

2002)

Como mostra a Figura 3.3, existem seis rubricas:

- Reformas políticas e estratégicas

- Mecanismos financeiros

- Redes de informação

- Criação de parcerias

- Reforço das capacidades

- Sensibilização

Ao categorizar as várias recomendações nas rubricas acima mencionadas, foi também indicado para que sector a recomendação era relevante e se se tratava de uma recomendação geral ou específica para a indústria têxtil e a região-alvo.

Capítulo 4

CONCLUSÕES

O Bangladesh é um dos países do Sul da Ásia, fazendo fronteira com a Índia e Myanmar, com uma população de cerca de 164 milhões de habitantes (CIA, 2013). Nos últimos 25 anos, a indústria têxtil tem sido o principal sector de exportação do Bangladesh e uma das suas principais fontes de divisas. Mercado isolado garantido pelo Acordo Multifibras [Um acordo de comércio internacional ao abrigo do qual dois países podem negociar entre si restrições de quotas às importações de têxteis e vestuário. As restrições impostas pelo AMF são normalmente proibidas pelas regras da Organização Mundial do Comércio (OMC) e devem ser abolidas até 2005] do Acordo Geral sobre Pautas Aduaneiras e Comércio (GATT) e uma política de apoio do Governo do Bangladesh permitiram que o país ganhasse uma grande reputação num curto espaço de tempo em termos de receitas em divisas, exportações, industrialização e contribuição para o PIB.

Nas duas últimas décadas, a economia do Bangladesh cresceu a uma taxa média de 6% ao ano e a população a uma taxa média de 1,59% ao ano. Entre 2004 e 2014, o Bangladeche registou uma taxa média de crescimento do PIB de 6% [https://en.wikipedia.org/wiki/Economy_of_Bangladesh; hora da pesquisa: 8h50 de 3 de fevereiro de 2016]. A economia em crescimento é liderada pela industrialização orientada para a exportação. A indústria têxtil do Bangladesh é considerada a segunda maior do mundo. Outros sectores-chave no Bangladesh são os produtos farmacêuticos, a construção naval, a cerâmica, os artigos de couro e a eletrónica. Como o Bangladesh está situado numa das regiões mais férteis do mundo, a agricultura também desempenha um papel crucial, sendo as principais culturas o arroz, a juta, o chá, o trigo, o algodão e a cana-de-açúcar. O Bangladesh é o quinto maior produtor mundial de peixe e marisco.

Uma força de trabalho jovem e urbanizada, muitas delas mulheres, é o principal recurso do sector têxtil do Bangladesh. Os Estados Unidos e a Europa são os principais compradores dos produtos de vestuário do Bangladesh, e a indústria de pronto-a-vestir do Bangladesh representa atualmente cerca de 78% do total das exportações (CCC e SOMO, 2013), o que o torna o segundo maior exportador de vestuário do mundo, a seguir à China.

Embora a indústria têxtil seja o principal contribuinte para o crescimento do PIB do Bangladesh, o país tem um longo historial de tragédias de saúde e segurança na produção de vestuário e têxteis. Desde 2005, pelo menos 1800 trabalhadores morreram em incêndios e desmoronamentos em fábricas de vestuário. As duas últimas grandes tragédias, o incêndio da Tazreen Fashions, em 24 de novembro de 2012, e o desastre sem precedentes do colapso do complexo industrial Rana Plaza, em 24 de abril de 2013, que custou a vida a mais de 1 200 trabalhadores do sector do vestuário, são desastres de grande visibilidade. A aliança e o memorando de entendimento sobre segurança contra incêndios e edifícios no Bangladeche visam tornar todas as fábricas de vestuário locais de trabalho seguros e foram especialmente concebidos para responder aos desafios específicos da indústria têxtil no Bangladeche.

A indústria têxtil tem um sistema de produção bastante fragmentado e complexo, com processos como a produção de fibras simples, fios, tecidos para vestuário, produtos industriais e têxteis-lar. Os vários processos de produção utilizam grandes quantidades e diferentes tipos de produtos químicos, matérias-primas, energia e água. Como resultado, uma quantidade relativamente grande de resíduos é descarregada em muitos meios ambientais, afectando negativamente o ambiente e a saúde humana de várias formas.

Relativamente ao Bangladesh, não dispomos de dados suficientes sobre os aspectos e impactos ambientais da indústria têxtil, mas é certo que o consumo de água, energia e recursos é muito elevado. Isto é particularmente verdade no que respeita ao elevado consumo de água. As águas subterrâneas são largamente utilizadas para a produção. As fontes de energia geralmente utilizadas são a eletricidade, o gás natural, o fuelóleo e o gás de petróleo liquefeito (GPL). Foram recolhidos os seguintes dados junto da indústria de vestuário e têxtil da região de Savar

1. Estado da certificação ISO 14001. A ISO 14001, a norma do sistema de gestão ambiental (SGA), é uma norma de gestão ambiental reconhecida internacionalmente, publicada pela primeira vez em 1996. Fornece um quadro sistemático para a gestão dos impactes ambientais imediatos e a longo prazo dos produtos, serviços e processos de uma organização. A Europa está acreditada para certificar sistemas de gestão ambiental de acordo com a norma ISO 14001.

2. Política ambiental. O empenhamento de uma organização em relação a leis, regulamentos e outros mecanismos políticos relacionados com as questões ambientais sobre as quais incide a política. A Conferência do Rio de 1992 foi um importante catalisador para o desenvolvimento da política de desenvolvimento sustentável através do empenhamento positivo da comunidade empresarial internacional. A conferência Rio Plus 5 e, mais recentemente, a Cimeira Mundial sobre o Desenvolvimento Sustentável foram catalisadores adicionais para a prossecução do trabalho político.

3. Certificado de autorização ambiental do Ministério do Ambiente do Bangladesh. Nos termos da legislação ambiental de 1997, todas as empresas têxteis devem obter um certificado de autorização ambiental do Ministério do Ambiente do Bangladesh.

4. Plano de gestão ambiental. Estudos pormenorizados sobre o impacto ambiental e a conceção de medidas de proteção, que se reflectem no plano de gestão ambiental. Os dois pontos mais importantes são a aplicação de medidas de segurança ambiental e o controlo da eficácia das medidas de proteção postas em prática.

5. Plano de monitorização ambiental. A monitorização ambiental pode ser definida como a amostragem sistemática do ar, da água, do solo e da biota, a fim de observar, estudar e aprender com o ambiente.

6. Utilização da água para a produção. Quantidade de água utilizada exclusivamente para fins de produção.

7. Estado da estação de tratamento de águas residuais (ETP). As águas residuais provenientes da indústria são conhecidas como águas residuais. Se as águas residuais forem descarregadas diretamente nas águas de superfície sem tratamento, estão na origem da poluição das águas. Por conseguinte, devem ser objeto de um tratamento adequado antes de serem descarregadas. O conjunto do processo de tratamento das águas residuais é designado por estação de tratamento de águas residuais.

8. Tipo de caldeira e gerador. A indústria têxtil no Bangladesh utiliza principalmente dois tipos de combustível para caldeiras e geradores. Estes combustíveis são o gás natural e o gasóleo.

9. Procedimento de gestão de resíduos. Este procedimento abrange a recolha, o transporte e a eliminação de resíduos, águas residuais e outros produtos residuais.

10. EPI (equipamento de proteção individual) para os trabalhadores. O vestuário de proteção, os capacetes, os óculos de proteção ou outro vestuário ou equipamento destinado a proteger o corpo do utilizador contra lesões ou infecções são conhecidos como EPI. De acordo com a legislação laboral do Bangladesh (67), a fábrica deve fornecer EPI a todos os trabalhadores de acordo com as suas necessidades.

11. Estado da licença de incêndio. Trata-se de um documento legal que atesta o cumprimento das leis do país.

12. Plano de preparação para emergências. Trata-se de uma abordagem que foi desenvolvida para reduzir os danos causados por potenciais eventos que possam pôr em causa o funcionamento de uma organização.

13. Organização de formação ambiental para trabalhadores. O processo pelo qual se ensina a uma pessoa ou a um animal uma determinada competência ou comportamento é designado por formação.

14. Centro médico e creche.

Vinte e seis estabelecimentos da região-alvo responderam aos questionários. Os questionários estavam divididos em três partes: informações gerais, perguntas do inquérito e recomendações. Havia sete perguntas de informação geral, catorze perguntas de inquérito e uma recomendação sobre a melhoria das condições ambientais. Com base nas perguntas (e temas) que compõem o questionário, a situação ambiental das empresas foi avaliada em seis domínios:

1. Política geral do ambiente e práticas de gestão

2. Perspectivas da legislação ambiental

3. Práticas gerais de gestão de resíduos

4. Escolher processos, sistemas e tecnologias de produção que tenham em conta o seu impacto ambiental

5. Controlo e gestão dos recursos/resíduos para os minimizar na fonte

6. Desempenho em termos de saúde, segurança e ambiente no local de trabalho

4.1 Política ambiental geral e práticas de gestão

Quatro perguntas diziam respeito ao estudo da política ambiental geral e das práticas de gestão. Tratava-se da certificação ISO 14001, da política ambiental, do plano de gestão ambiental e do plano de emergência. A maioria das empresas não exige ou não tenta obter normas voluntárias como a ISO 14001. A prioridade da gestão de topo é normalmente assegurar a sustentabilidade a curto prazo da empresa, cumprindo os requisitos da legislação nacional e dos clientes. Os sistemas de gestão da energia/gestores de energia e engenheiros ambientais não são comuns nas empresas.

As figuras seguintes, de 4.1 a 4.4, mostram os resultados em relação ao ambiente geral

Políticas e práticas de gestão em 26 sectores.

No decurso do estudo, apenas duas fábricas em vinte e seis obtiveram a certificação ISO 14001. Quatro

As restantes vinte e quatro unidades indicaram que tencionam adotar a norma ISO 14001 no futuro.

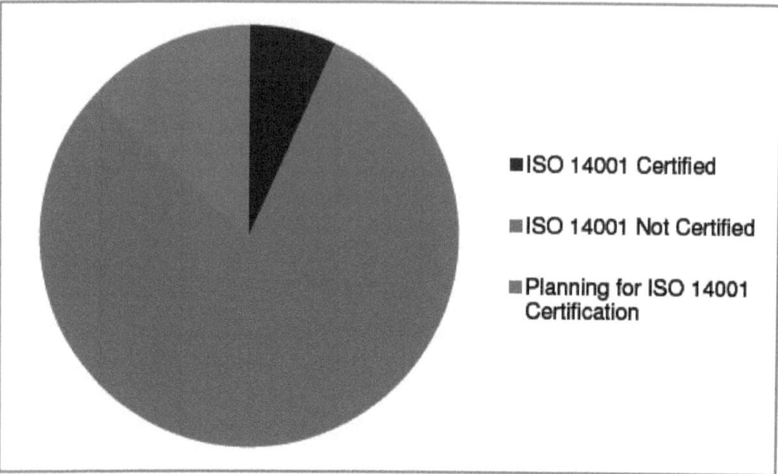

Figura 4.1: Certificação ISO 14001

O inquérito revelou que todas as fábricas tinham uma política ambiental, mas apenas duas a aplicavam.

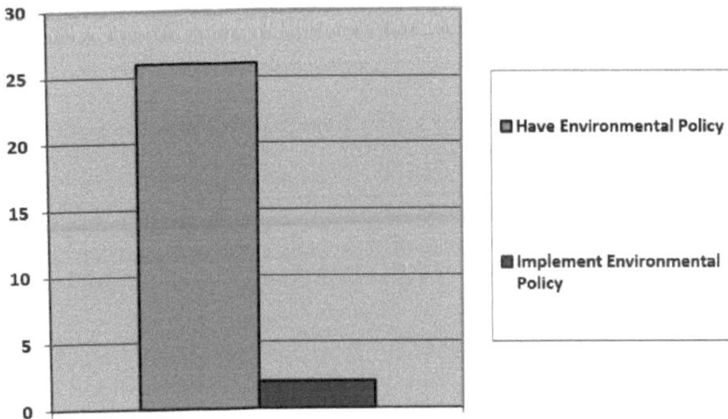

O inquérito revelou que todas as fábricas dispunham de um plano de gestão ambiental, mas

que apenas duas o cumpriam.

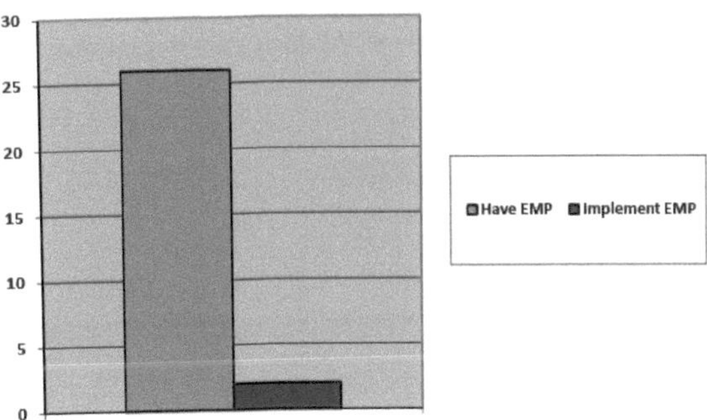

Figure 4.3: Environmental management plan (EMP)

O inquérito revelou que todas as fábricas tinham um plano de emergência, mas apenas

dezasseis o seguiam.

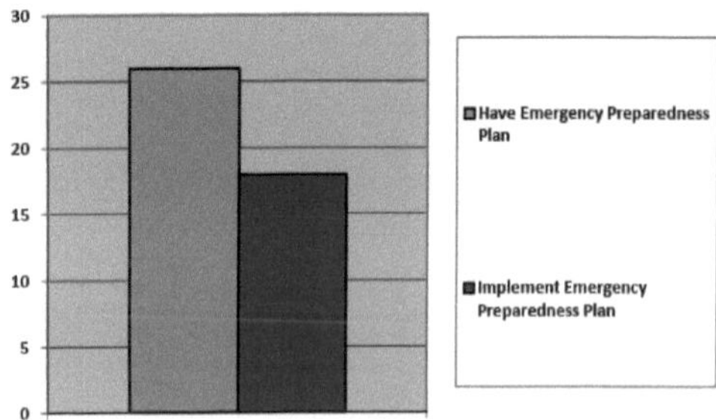

Figure 4.4: Emergency preparedness plan

4.2   Perspectivas da legislação ambiental

O estudo incidiu sobre duas questões relacionadas com a legislação ambiental. Tratava-se do certificado de autorização ambiental emitido pelo Ministério do Ambiente do Bangladesh e da licença de incêndio emitida pelo Departamento de Bombeiros e Defesa Civil do Bangladesh. Foram inquiridas 26 fábricas, tendo sido encontradas ambas as licenças para todas as fábricas.

As figuras seguintes, retiradas do ponto 4.5, mostram os resultados em termos de legislação ambiental para 26 sectores.

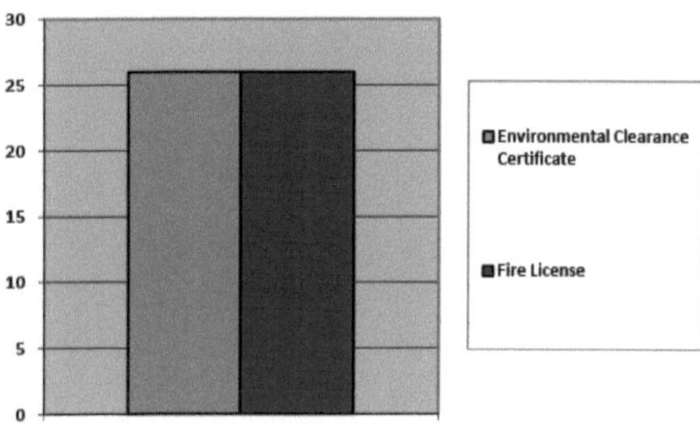

Figure 4.5: Environmental clearance certificate and fire license

4.3   Práticas gerais de gestão de resíduos

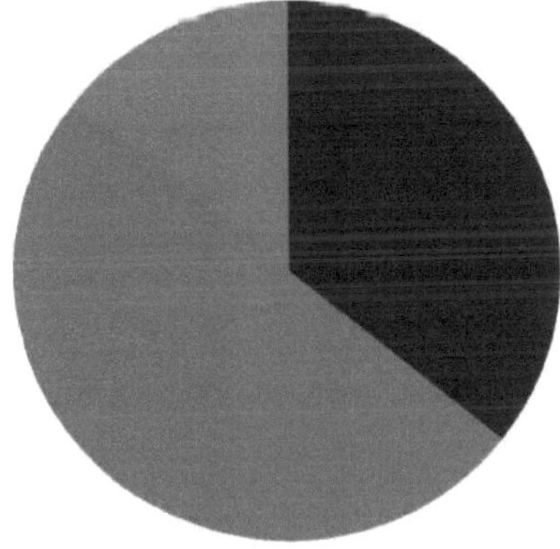

Nas empresas têxteis, a gestão geral dos resíduos, como o tratamento das águas residuais, a eliminação dos resíduos sólidos e a gestão dos resíduos perigosos, é efectuada em conformidade com a legislação. No entanto, foram colocadas duas questões

Figura 4.6: Estado da ETP

sobre este assunto nos questionários. Estas diziam respeito ao tratamento das águas residuais industriais (estação de tratamento de águas residuais) e ao procedimento de gestão dos resíduos. A água é uma questão importante tendo em conta a poluição das águas causada pela indústria têxtil, razão pela qual a questão relativa à estação de tratamento de águas residuais (ETP) foi tratada separadamente da questão relativa ao procedimento de gestão dos resíduos.

14 das 26 instalações utilizam água para a sua produção. No entanto, o inquérito revelou que 2 destas 14 fábricas não dispunham de uma estação de tratamento de águas residuais (ETAR). E 6 dessas 14 fábricas declararam que a sua ETP era demasiado pequena e não funcionava. Verificou-se também que nenhuma das 26 estações possuía uma estação de tratamento de águas residuais, apenas uma fossa séptica. A situação das instalações em termos de ETI é apresentada na Figura 4.6.

Foi encontrado um procedimento de gestão de resíduos em todas as 26 instalações, mas só foi corretamente aplicado em 2 delas. A situação da aplicação dos procedimentos de gestão de resíduos é apresentada na Figura 4.7.

4.4   Escolha dos processos, sistemas e tecnologias de produção, tendo em conta o seu impacto ambiental

Os investimentos ambientais que melhoram a eficiência da produção e permitem poupanças económicas são planeados/implementados quando se espera um retorno económico a curto prazo, mas o controlo da poluição deve ser considerado numa perspetiva de impacto a longo prazo. Ao selecionar os processos, sistemas e tecnologias de produção tendo em conta a poluição, foram incluídas duas perguntas nos questionários do estudo. Estas diziam respeito ao tipo de caldeira e ao tipo de gerador utilizados na indústria têxtil. Foram inquiridas 26

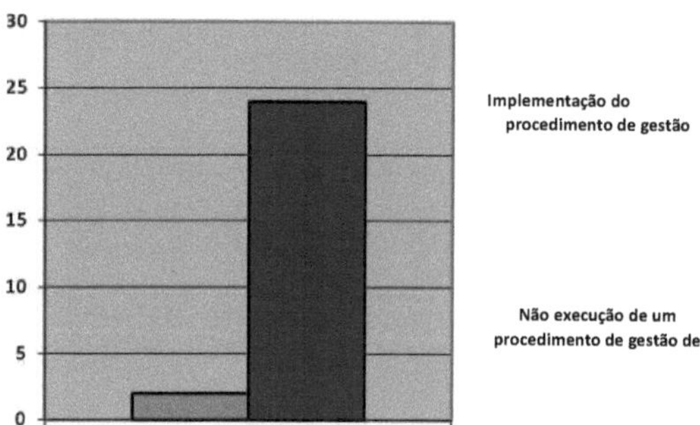

Figura 4.7: Estado do procedimento de gestão de resíduos

fábricas e verificou-se que todas utilizavam uma caldeira a gás e todas tinham uma licença de caldeira. Das 26 fábricas, verificou-se também que 20 fábricas utilizavam geradores a gás e a gasóleo e 6 fábricas utilizavam apenas geradores a gasóleo. As figuras 4.8 abaixo mostram os resultados de acordo com o tipo de gerador utilizado em 26 fábricas.

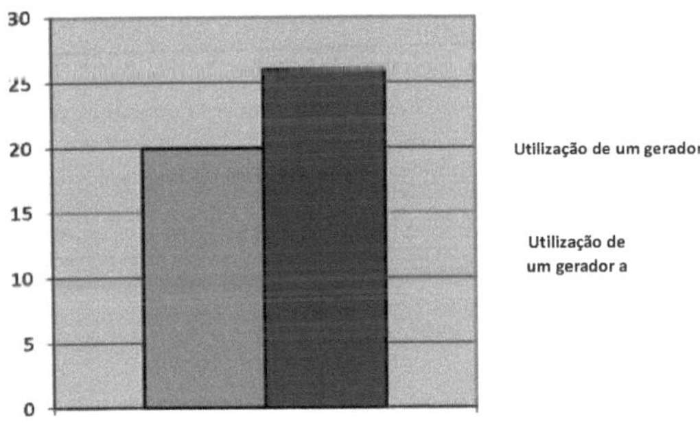

Figura 4.8: Tipo de utilização de geradores na

4.5   Monitorizar e gerir os recursos e os resíduos para os minimizar na fonte

Os documentos do inquérito revelaram que todos os sectores dispunham de um plano de monitorização ambiental. No que respeita à monitorização ambiental, foi incluída uma pergunta nos questionários. No que diz respeito à monitorização e à gestão de recursos/resíduos para uma produção mais limpa, apenas 2 das 26 instalações seguem o plano de monitorização. A situação do plano de monitorização ambiental de 26 instalações é apresentada na Figura 4.9.

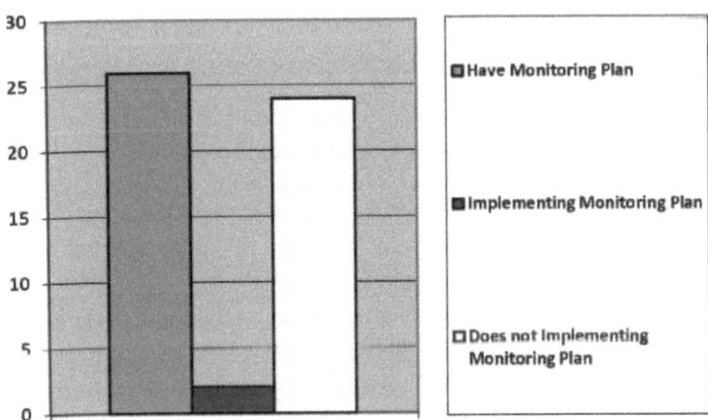

Figura 4.9: Estado do plano de monitorização ambiental

4.6   Desempenho em matéria de saúde, segurança e ambiente no local de trabalho

A saúde, a segurança e o respeito pelo ambiente no local de trabalho são questões importantes no que se refere às condições de trabalho na indústria têxtil do Bangladesh. Neste contexto, foram incluídas três perguntas nos questionários. Os questionários abrangiam a utilização de EPI adequados no local de trabalho, a formação ambiental dos trabalhadores e instalações médicas e de acolhimento de crianças para todos os trabalhadores. Verificou-se que apenas 2 fábricas forneciam EPI adequados no local de trabalho, 14

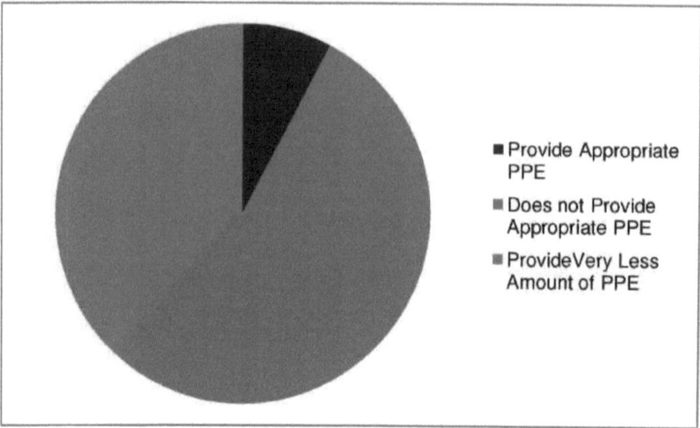

indústrias que fornecem EPI aos seus trabalhadores, mas não de forma adequada, e as restantes 10 fábricas fornecem muito pouco.

menos EPI para os seus empregados. A situação da utilização de EPI é apresentada na Figura 4.10.

Figura 4.10: Estado de utilização dos EPI

No que diz respeito à formação ambiental, verificou-se que apenas duas fábricas organizam formação sobre segurança e ambiente no trabalho para os seus trabalhadores, enquanto as outras 24 não o fazem. Os resultados pormenorizados são apresentados na Figura 4.11.

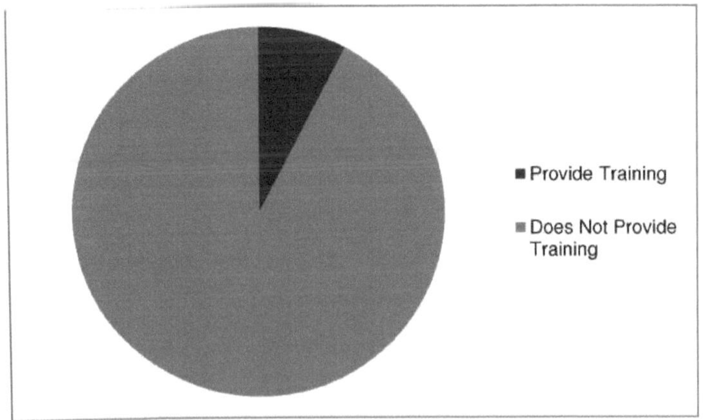

Figura 4.11: Nível de formação

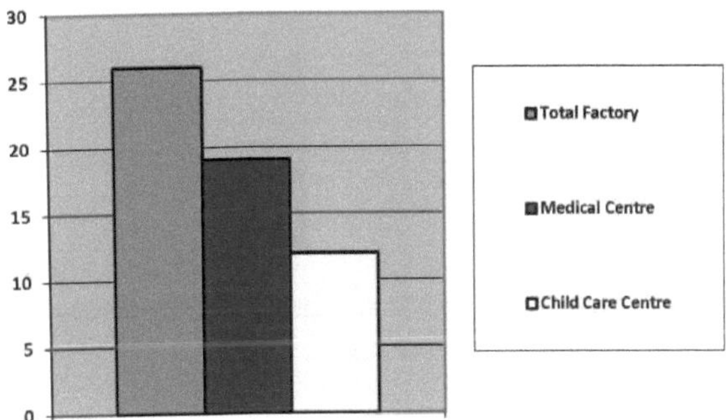

A maioria das fábricas dispõe de centros médicos e de estruturas de acolhimento de crianças. Verificou-se que 19 fábricas dispunham de um centro médico e 12 dispunham de um centro de acolhimento de crianças para os seus trabalhadores. Os resultados pormenorizados são apresentados na Figura 4.12.

Figura 4.12: Centro médico e creche

4.7 Recomendação para o sector têxtil

A parte final do inquérito incidiu sobre as recomendações da fábrica para melhorar o sistema de gestão ambiental da indústria têxtil no Bangladesh. A pessoa que forneceu a informação também fez recomendações de melhoria. As sete recomendações recolhidas junto das fábricas são apresentadas no Quadro 4.1.

Quadro 4.1: Recomendações para a melhoria da gestão ambiental
Sistema da indústria têxtil no Bangladesh

SN	Descrição
01	Os proprietários das instalações têm de ser sensibilizados para o sistema de gestão ambiental.
02	As competências da equipa de gestão ambiental da fábrica têm de ser reforçadas.
03	O governo tem de emitir regulamentos de segurança para a indústria têxtil.
04	O governo deve controlar regularmente a segurança e os aspectos ambientais das instalações.
05	Controlo regular do desempenho ambiental por terceiros.
06	A introdução da norma ISO 14001 nas empresas ajuda a melhorar o seu sistema de gestão ambiental.
07	A equipa de execução do DoE no Bangladesh tem de ser mais ativa e honesta no seu trabalho.

Capítulo 5

ANÁLISE E DISCUSSÃO

O inquérito revelou que a maioria das empresas da região-alvo não possui uma política ambiental geral ou um sistema de gestão ambiental. Vinte e seis empresas da região-alvo responderam aos inquéritos. Com base nas perguntas do questionário, a situação ambiental das empresas foi avaliada em seis domínios.

5.1   Políticas ambientais gerais e práticas de gestão

O estudo revela que apenas duas fábricas possuem a certificação ISO 14001. Quatro fábricas estão a planear obter a certificação ISO 14001. Verificou-se também que todas estas fábricas têm uma política ambiental e um plano de gestão ambiental, mas que apenas duas delas estão a aplicar a sua política ambiental e a seguir o plano de gestão ambiental. Estas duas fábricas são certificadas pela norma ISO 14001. Durante o estudo, verificou-se que todas as fábricas tinham um plano de emergência, mas apenas dezasseis o seguiam. Verifica-se que estas duas fábricas com certificação ISO 14001 estão simplesmente a aplicar a política ambiental. Após a tragédia do colapso do Rana Plaza no Bangladesh (24 de abril de 2013 em Savar Upazila em Dhaka, Bangladesh), a maioria das fábricas têxteis desenvolveu um plano de emergência devido à pressão dos compradores estrangeiros. Winkler T et al. constataram que as principais normas aplicáveis eram o Regulamento Europeu de Eco-Auditoria, também abreviado como EMAS (Eco Management and Audit Scheme), e a norma internacional ISO 14001. Vandevivere PC et al (1998) e Melnyk SA et al (2003) constataram que a aplicação de um sistema de gestão ambiental reduziu os custos, melhorou a qualidade, reduziu os resíduos através da reorganização e da escolha correcta do equipamento e poupou tempo.

Clarkson, P. M. et al (2011), Dowell, G. et al (2000) e Jabbour, C. J. C. et al (2012) salientaram que existe uma vasta literatura sobre a competitividade das medidas ambientais, mas que a implementação de práticas ambientais é frequentemente considerada um dado adquirido.

A ISO 14001, que define os requisitos de um sistema de gestão ambiental, é uma norma aprovada internacionalmente. Trata-se de um guia internacionalmente reconhecido para as organizações que procuram melhorar o seu desempenho ambiental, utilizando os recursos de forma mais eficiente e reduzindo os resíduos, obtendo assim vantagens competitivas e a confiança das partes interessadas. Um sistema de gestão ambiental é muito útil para as organizações identificarem, gerirem, monitorizarem e controlarem os aspectos ambientais de uma forma holística. A norma ISO 14001 é adequada para organizações de todos os tipos e dimensões, sejam elas privadas, sem fins lucrativos ou públicas. Tem em conta todos os aspectos ambientais relevantes para as suas actividades, como a poluição atmosférica, as questões relacionadas com a água e as águas residuais, a gestão de resíduos, a poluição do solo, a atenuação e adaptação às alterações climáticas, a utilização de recursos e a eficiência das actividades pormenorizadas de uma organização.

Para o sistema de gestão ambiental (ISO 14001, 2004), é necessário controlar as actividades de modo a minimizar o impacto no ambiente. A implementação de um ciclo de melhoria contínua é a principal preocupação do sistema de gestão ambiental (ISO 14001, 2004). Stapleton JP, et.al. referiu em 2011 que a utilização de uma abordagem de equipa para planear e implementar um sistema de gestão ambiental é uma excelente forma de incentivar o empenho e garantir que os objetivos, procedimentos e outros elementos do sistema são realistas, exequíveis e eficazes em termos de custos.

Atualmente, o público está muito mais consciente dos perigos que a indústria representa.

A população local e os trabalhadores dispõem agora de uma melhor proteção jurídica contra a poluição industrial.

Hoje em dia, a gestão é mais responsável por qualquer forma de poluição no seu projeto.

5.2   Perspectivas da legislação ambiental

Durante o estudo, foram examinados os certificados ambientais do Ministério do Ambiente do Bangladesh e as licenças de incêndio do Serviço de Bombeiros e da Defesa Civil do Bangladesh. Foram examinadas 26 instalações, tendo sido encontrados os dois certificados de segurança para todas elas.

Devido à rápida industrialização e urbanização, a poluição, o esgotamento dos recursos, os resíduos perigosos e outros problemas ambientais aumentaram nas últimas décadas e, consequentemente, foram introduzidas leis e regulamentos ambientais para tornar as organizações mais responsáveis pelo seu ambiente. Santos-Reyes, D.E. e Lawlor-Wright, T. (2001) e Psomas, E.L. et al. (2011) indicaram que a necessidade de as empresas lidarem eficazmente com as questões ambientais aumentou, quer por razões externas (regulamentos governamentais), quer por razões internas (política da empresa).

A principal lei que rege a proteção do ambiente no Bangladesh é a Lei da Conservação do Ambiente de 1995 (ECA'95), que substitui os antigos Regulamentos de Controlo da Poluição de 1992 e constitui a base jurídica das Regras de Conservação do Ambiente de 1997 (ECR'97). Os principais objectivos da ECA'95 são a preservação do ambiente natural e a melhoria das normas ambientais, bem como o controlo e a limitação da poluição. O artigo 12º da Lei da Proteção do Ambiente de 1995 estipula que "nenhum empreendimento ou projeto industrial será estabelecido ou realizado sem que o Diretor-Geral tenha emitido uma licença ambiental nos termos previstos nos regulamentos". Os Regulamentos de Proteção do Ambiente de 1997 consistem numa série de regulamentos que aplicam a Lei de Proteção do Ambiente de 1995 e definem quatro categorias: a categoria verde, a categoria amarela A, a categoria amarela B e a categoria vermelha de projectos, o procedimento para a emissão de uma licença ambiental, as normas ambientais relativas à poluição da água, à poluição do ar e à poluição sonora, e os níveis de descargas e emissões de poluentes da água e do ar e de ruído permitidos por categoria ambiental de projectos. O Regulamento 7 da Legislação de Proteção do Ambiente de 1997 estabelece o procedimento para a concessão de uma licença ambiental e o seu período de validade é estabelecido no Regulamento 8. Nos termos da Lei da Conservação do Ambiente do Bangladesh de 1995 (alterada em 2010), deve ser obtida uma licença ambiental para cada tipo de indústria e de projeto. Note-se igualmente que, nos termos do ECA'95 e do ECR'97, nenhuma indústria pode obter um certificado de autorização ambiental do governo sem possuir uma licença de incêndio emitida pelo Serviço de Bombeiros e pela Autoridade de Defesa Civil do Bangladesh.

Miles, M. e Covin, J. (2000) concluíram que o incumprimento das normas legais e a persistência de más condições de trabalho e de poluição podem conduzir a multas governamentais e a um aumento dos custos dos seguros. Esta situação pode ser evitada através de uma política ambiental pró-ativa, que também reduz a probabilidade de serem introduzidas disposições legais. Simultaneamente, a melhoria da eficiência operacional e a experiência com medidas sociais e ambientais reduzem os custos de conformidade no caso da introdução de regulamentos juridicamente vinculativos.

5.3   Práticas gerais de gestão de resíduos

Durante o estudo, verificou-se que 14 das 26 fábricas utilizam água para a sua produção. Duas destas 14 fábricas não dispõem de uma estação de tratamento de águas residuais (ETAR). E 6 destas 14 fábricas declararam que a sua ETP era demasiado pequena e não funcionava. Foi encontrado um procedimento de gestão de resíduos para todas as 26 fábricas, mas só foi corretamente implementado em 2 delas. Z. Khatri e K. M. Brohi (2011) observaram que o planeamento de um sistema eficaz de tratamento de águas residuais implica a seleção de processos alternativos com base na capacidade de cada processo de tratamento para remover determinados componentes dos resíduos. De acordo com a política governamental, uma fábrica que descarrega águas residuais da sua unidade de produção não obtém uma licença ambiental sem uma ETP. Por conseguinte, as fábricas constroem ETEs para obterem uma licença ambiental. A pressão dos compradores estrangeiros é outra razão importante para a construção de FTEs. Verificou-se igualmente que apenas duas fábricas com certificação ISO 14001 aplicam corretamente o procedimento de gestão de resíduos.

A minimização de resíduos é a aplicação de uma abordagem sistemática para reduzir a produção de resíduos na fonte. No contexto de abordagens respeitadoras do ambiente, a minimização de resíduos evita que estes sejam produzidos, em vez de os tratar depois de terem sido produzidos através de métodos de tratamento em fim de ciclo.

Durante o processo de tingimento, o fio acabado de fabricar é impregnado de corantes. Existem diferentes tipos de corantes, nomeadamente corantes dispersos, corantes de enxofre, corantes reactivos, etc., que são utilizados de acordo com os requisitos científicos e o tipo de corante. São necessários diferentes tipos de produtos químicos para aplicar os diferentes tipos de corantes. São utilizados diferentes sais e adjuvantes para apoiar o processo de tingimento. As fábricas de vestuário e os fabricantes de tecidos necessitam de grandes quantidades de linhas de costura ou de fios de algodão tingidos. No entanto, este processo industrial deixa para trás substâncias nocivas em quase todas as fases da produção. As águas residuais não tratadas das indústrias têxtil e de tinturaria alteram as propriedades físicas, químicas e biológicas da água e, para além de causarem problemas estéticos, são a causa de muitas doenças relacionadas com a água. A indústria têxtil é também responsável por um impacto considerável no ar e nos resíduos sólidos. Se os resíduos sólidos não forem eliminados corretamente, podem representar um grande risco para o ambiente e para a comunidade: os fios usados, os resíduos de papel e, em especial, os resíduos de plástico que não são corretamente eliminados podem entupir os esgotos; os tambores e contentores vazios de produtos químicos, se não forem corretamente eliminados, podem poluir o solo e a água do meio recetor; os odores libertados pelos resíduos degradáveis, em especial os resíduos de cozinha, podem poluir o ar ambiente local; os resíduos de cozinha mal geridos e eliminados podem atrair vectores de doenças; os resíduos de cozinha em decomposição podem poluir o ambiente local; os resíduos eléctricos, mecânicos e químicos mal geridos podem poluir o solo, a água e o ar, etc. Se a saúde e a segurança no trabalho não forem garantidas, a indústria têxtil pode tornar-se uma armadilha mortal para as pessoas que trabalham na fábrica.

5.4 Escolha dos processos, sistemas e tecnologias de produção, tendo em conta o seu impacto ambiental

Das 26 fábricas, verificou-se também que 20 fábricas utilizavam geradores a gás e a gasóleo e 6 fábricas utilizavam apenas geradores a gasóleo. Nos países industrializados, os consumidores estão a exigir têxteis biodegradáveis e amigos do ambiente, tal como indicado por Chavan, R.B. (2001). Em geral, as emissões de gases de escape dos geradores a gasóleo são mais elevadas do que as dos geradores a gás. No entanto, na ausência de gás, as pessoas gostam de utilizar geradores a gasóleo. Rock MT e Angel DP (2007) concluíram que a indústria têxtil é simultaneamente intensiva em energia e altamente poluente. Hart, S. L. (1995) e Shrivastava, P. (1995) constataram que, no âmbito de um sistema de gestão ambiental, as empresas devem melhorar as suas práticas de gestão ambiental, modificando a tecnologia de produção para reduzir o consumo de recursos naturais, reduzir os resíduos e as emissões poluentes e aumentar a reciclagem. As medidas tomadas a este respeito incluem equipamento, métodos e procedimentos concebidos para minimizar o impacto ambiental.

5.5 Monitorizar e gerir os recursos e os resíduos para os minimizar na fonte

Os documentos do inquérito indicam que todas as fábricas têm um plano de monitorização ambiental. Apenas 2 das 26 fábricas cumprem o plano de monitorização e dispõem de procedimentos para minimizar os resíduos. Estas 2 fábricas têm a certificação ISO 14001. Todas as empresas são obrigadas a obter uma licença ambiental do Ministério do Ambiente. Para obter uma licença ambiental, deve ser apresentado um plano de monitorização ambiental.

A monitorização ambiental é um instrumento essencial na gestão ambiental, dado que fornece informações de base para decisões de gestão racionais. Os principais objectivos da monitorização são verificar se as medidas de atenuação e de reforço dos benefícios são realmente adoptadas e eficazes na prática, ou se podem ser identificados problemas imprevistos e tomadas medidas para pôr em prática medidas de controlo adequadas, e fornecer informações sobre a natureza e a extensão reais dos principais impactos e a eficácia das medidas de atenuação, que podem ser tidas em conta através de um mecanismo de retorno de informação aquando do planeamento e da execução de projectos semelhantes no futuro. Vale a pena mencionar aqui que o programa de monitorização deve ser concebido para garantir o cumprimento da legislação e das normas ambientais nacionais. Este programa de monitorização é igualmente importante para garantir que o projeto não provoca alterações ambientais adversas na zona e para criar uma base de dados de operações e manutenção que possa ser utilizada em caso de queixas injustificadas.

5.6 Desempenho em matéria de saúde, segurança e ambiente no local de trabalho

Verificou-se que apenas 2 fábricas (com certificação ISO 14001) fornecem EPI adequado no local de trabalho, 14 indústrias fornecem EPI aos seus trabalhadores, mas não de forma adequada, e as restantes 10 fábricas fornecem muito pouco EPI aos seus trabalhadores. No que diz respeito à formação ambiental, verificou-se que apenas duas fábricas com certificação ISO

14001 dão aos seus trabalhadores formação sobre segurança e ambiente no local de trabalho, enquanto as outras 24 não o fazem. A maioria das fábricas dispõe de um centro médico e de uma creche. Verificou-se que 19 fábricas dispunham de um centro médico e 12 dispunham de um centro de acolhimento de crianças para os seus trabalhadores. Towlson (2003) concluiu que existem dois tipos de proteção ambiental: em primeiro lugar, o ambiente interno do local de trabalho, que se refere às condições gerais no local de trabalho, e, em segundo lugar, as condições prejudiciais no ambiente externo, fora do local de trabalho. Shikdar, A.A. e Sawaqed, N. M. (2003) também constataram que a produtividade dos trabalhadores diminui e a qualidade do trabalho e os custos dos produtos aumentam em consequência dos riscos no local de trabalho.

A maioria das empresas considera que cumpre relativamente bem a regulamentação nacional e que beneficia da ajuda externa de empresas de consultoria ambiental, mas não está a tomar medidas "pró-activas" para se adaptar a potenciais regulamentações.

De acordo com o relatório do FIAS, Business for Social Responsibility (2007), os conflitos laborais e os acidentes devidos a normas de segurança inadequadas causam distração. Esta distração é um custo de oportunidade, ou seja, mão de obra improdutiva, capital não utilizado, como edifícios, máquinas, etc., que pode ser evitado através de medidas de responsabilidade social das empresas.

Os aspectos de saúde e segurança de toda a instalação devem ser tidos em devida consideração. Os dispositivos de proteção fornecidos devem ser utilizados em todos os momentos durante o funcionamento da unidade para garantir a segurança. As fichas de dados de segurança (FDS) devem ser mantidas actualizadas para garantir a segurança de todas as áreas da instalação onde são utilizados produtos químicos. Um registo de ambiente, saúde e segurança é essencial para monitorizar o desempenho ambiental de toda a comunidade da instalação. A direção deve utilizá-lo como uma ferramenta de autocontrolo. O registo deve incluir registos de manutenção de extintores de incêndio, planos de reuniões de EHS e documentos de formação, instalações eléctricas, registos de inspeção e manutenção de geradores, registos de gestão de resíduos, registos de inventário (combustíveis, tintas, produtos de limpeza e medidas de emergência).

A formação é essencial na gestão ambiental, a fim de sensibilizar todos os empregadores, empregados e trabalhadores. A gestão ambiental é um tema quente e aqueles que implementam estratégias ambientais precisam de se manter a par dos processos de controlo ambiental. Nurn, C. W. e Tan, G. (2010) concluíram que uma gestão organizacional mais participativa e programas de formação e voluntariado criam diferentes oportunidades de aprendizagem para os trabalhadores e iniciam um processo de desenvolvimento das suas competências, capacidades e conhecimentos.

Nurn, C. W. e Tan, G. (2010) referiram que a motivação dos trabalhadores aumenta, os trabalhadores estão mais inclinados a agir de forma responsável, a envolver-se na organização e a contribuir de forma altruísta para as actividades da empresa, enquanto os empregadores, juntamente com o empenho organizacional, podem obter um nível mais elevado de confiança nos seus trabalhadores. O Ipsos MORI Loyalty Report (2008) revela que 75% dos trabalhadores que consideram que a sua organização presta atenção suficiente à proteção do ambiente e ao desenvolvimento sustentável demonstram um elevado nível de empenho. A Towers Perrin (2007) concluiu que a reputação de uma empresa em matéria de responsabilidade social era o terceiro fator mais importante para o empenho dos trabalhadores. Nurn, C. W. e Tan, G. (2010) referiram que um maior empenhamento dos trabalhadores na organização e oportunidades de aprendizagem ajudam as empresas a reter os trabalhadores por períodos mais longos. Smith T. (2005) verificou que a rotação dos trabalhadores diminuiu após a introdução de novas práticas de trabalho e o respeito pelos direitos humanos.

5.7   Benefícios dos sistemas de gestão ambiental

A principal prioridade do SGA é que a organização estabeleça, implemente e mantenha um processo para identificar e ter acesso aos requisitos legais aplicáveis e a outros requisitos a que a organização está sujeita cm relação aos seus aspectos ambientais (secção 4.3.2, ISO 14001:2004). As actividades que uma organização escolhe para medir as melhorias podem ser muito diferentes e dependem do historial de conformidade regulamentar e da carga regulamentar. Os requisitos legais no Bangladesh são bastante semelhantes aos da norma internacional. Existe também um guia para a gestão ambiental na indústria no Bangladesh (ver Anexo 2). Por conseguinte, a direção da empresa pode utilizar um SGA para monitorizar os requisitos legais e assegurar o seu cumprimento. Um SGA pode também ajudar uma empresa a preparar-se para uma aplicação mais rigorosa da legislação ambiental por parte do governo e a reduzir os custos de funcionamento. A IFC (2004) constatou que um fabricante tinha eliminado o clorofórmio de metilo dos seus processos de limpeza e fixação e reduzido o volume de emissões de compostos orgânicos voláteis ao adotar um sistema de revestimento à base de pó; As alternativas de prevenção da poluição pouparam à empresa mais de 1,1 milhões de dólares por ano e pagaram o investimento de 1 milhão de dólares em menos de um ano; além disso, os esforços ajudaram a empresa a cumprir mais facilmente a legislação ambiental cada vez mais rigorosa e a evitar as taxas de incineração de resíduos sólidos e líquidos perigosos. As poupanças de custos estão frequentemente associadas à redução do consumo de recursos e da produção de resíduos, mas também podem ser conseguidas através da eficiência operacional, de uma gestão mais eficaz, da redução das responsabilidades e de tempos de aprovação mais curtos, graças a melhores relações com as entidades reguladoras e os municípios. Um funcionamento eficiente implica normalmente a substituição ou renovação de equipamentos e instalações, uma melhor conceção do processo de produção e uma maior atenção a todas as entradas e saídas. Estas alterações podem reduzir a utilização de energia, água, etc. ou tornar a operação mais eficiente, de modo a que a produção seja maior, mais rápida ou mais barata do que anteriormente.

O plano de gestão ambiental e a avaliação do impacto ambiental são ferramentas de avaliação ambiental amplamente utilizadas na análise de projectos e desempenham um papel eficaz no apoio ao desenvolvimento sustentável (Chandran M. Vijaya et al., 2013).

A aplicação efectiva da norma de gestão ambiental ISO 14001 (Anexo 3, ISO 14001:2004) proporciona benefícios tangíveis significativos sob a forma de redução do consumo de matérias-primas, redução do consumo de energia, melhoria da eficiência dos processos, redução dos custos de produção e eliminação de resíduos e utilização de recursos recuperados. A norma é uma das principais ferramentas para responder aos desafios ambientais enfrentados pelas organizações. A Cimeira da Terra de 1992 reconheceu o importante papel que os indicadores podem desempenhar para ajudar os países a tomar decisões informadas sobre o desenvolvimento sustentável.

A aplicação efectiva de um sistema de gestão ambiental minimiza os resíduos, o que está intimamente ligado à redução de custos. A implementação eficaz de um SGA permite à empresa identificar oportunidades de melhoria contínua e planear as despesas. Os principais indicadores de desempenho incluem a quantidade de matérias-primas, o consumo de água e energia, as taxas de reciclagem, a produção de resíduos perigosos e não perigosos e o número e volume de descargas. Florida e Davison (2001) concluíram, num inquérito a 580 empresas industriais com mais de 50 trabalhadores, que as empresas com sistemas de gestão ambiental eram notoriamente eficazes na reciclagem e na redução das emissões atmosféricas, dos resíduos sólidos e do consumo de eletricidade, o que constitui uma prova de melhoria a nível da empresa. A indústria têxtil pode utilizar eficazmente um sistema de gestão ambiental para reduzir o consumo de recursos e de energia, bem como o volume e a toxicidade dos resíduos produzidos.

Organizar, planear, tomar decisões e avaliar os progressos realizados para reduzir o impacto negativo de uma empresa no ambiente Os sistemas de gestão ambiental são uma ferramenta eficaz. O sistema de gestão ambiental integra o conceito de desenvolvimento sustentável, salientando a necessidade de melhoria contínua para proteger o ambiente não só para nós próprios, mas também para as gerações futuras (Chavan, M. 2005).

O êxito de um sistema de gestão ambiental depende do envolvimento de todos os trabalhadores. Os trabalhadores de diferentes sectores têm diferentes pontos de vista sobre o desempenho ambiental e sugestões de melhoria. Por conseguinte, a aplicação de um sistema de gestão ambiental eficaz exige o envolvimento do pessoal e, se for bem sucedida, cria um sentido de responsabilidade e de realização entre os trabalhadores. No Anexo 4 são apresentadas algumas fotografias tiradas durante o estudo.

Zutshi, A. e Sohal, A.S. (2004) concluíram que as organizações que solicitam a certificação SGA criam um sistema que permite integrar a proteção do ambiente na gestão quotidiana e nos objectivos a longo prazo. A implementação de um SGA permite reduzir os impactos ambientais e utilizar os recursos naturais de uma forma mais sustentável, melhorando simultaneamente o desempenho económico da organização.

A procura e a pressão dos compradores estrangeiros estão a levar as empresas a produzir produtos ecológicos, o que as tornou mais conscientes do impacto ambiental dos seus produtos. No entanto, as empresas estão a concentrar-se mais em produtos ecológicos do que em processos de produção respeitadores do ambiente. Um sistema de gestão ambiental eficaz pode também melhorar as relações com os clientes. Com o desenvolvimento sustentável em mente, a ISO 14001 é um pré-requisito para muitos compradores.

Nurn, C. W. e Tan, G. (2010) e Smith, T. (2005) descobriram que a reputação e as relações públicas desempenham um papel crucial para as organizações. Muitos candidatos preferem trabalhar para uma empresa socialmente responsável e estão dispostos a pagar menos para trabalhar para um empregador com valores morais elevados; consequentemente, as organizações responsáveis recebem mais candidaturas e gastam menos no recrutamento.

A atual situação do Bangladesh em matéria de eficiência dos recursos e de produção mais limpa não está ao nível desejado em termos de política, capacidade e aplicação. A produção mais limpa é uma iniciativa de proteção ambiental preventiva e específica das empresas. O programa de produção mais limpa foi publicado em 1989, em Paris, pelo Centro de Actividades do Programa Indústria e Ambiente do Programa das Nações Unidas para o Ambiente (PNUA). O seu objetivo é minimizar os resíduos e as emissões e maximizar a produção de produtos. No entanto, nos últimos anos, registaram-se desenvolvimentos e sucessos muito significativos e foram lançadas várias iniciativas neste domínio, com a ajuda de vários projectos ou programas nacionais/internacionais e, sobretudo, sob a pressão de compradores estrangeiros.

Os aspectos modernos da gestão ambiental, incluindo os conceitos de produção mais limpa, foram introduzidos nas regulamentações nacionais, principalmente sob a pressão das exigências de harmonização dos compradores estrangeiros. No entanto, ainda não existe legislação-quadro para a produção mais limpa ou um conceito semelhante para o consumo e a produção sustentáveis. No que diz respeito à preparação para situações de emergência, um dos aspectos do sistema de gestão ambiental, existe agora um quadro jurídico bem estabelecido e as medidas e actividades conexas estão a avançar rapidamente.

Vários estudos e avaliações identificaram a indústria têxtil como um dos sectores prioritários no Bangladesh. A adoção da comunicação acima referida, que se centra exclusivamente na indústria têxtil, é um indicador perfeito deste entendimento, incluindo a nível estatal.

Embora existam vários projectos e actividades de várias instituições (organismos governamentais, universidades, ONG, etc.) destinados a informar e a prestar apoio técnico às empresas têxteis no domínio da gestão ambiental e da produção limpa, estão longe de ser coordenados. Esta situação impede qualquer influência em grande escala na indústria têxtil.

A capacidade institucional em matéria de serviços de produção mais limpa não foi desenvolvida, pelo que não é possível atingir a massa crítica necessária para criar um mercado de serviços de produção mais limpa adaptado às empresas têxteis.

Worldwide Enhancement of Social Quality (2010) refere que uma maior satisfação dos trabalhadores e uma melhor comunicação com a direção podem reduzir o risco de agitação laboral e aumentar a estabilidade da produção. Um melhor desempenho ambiental ajuda a evitar incómodos para a comunidade. Sprinkle, G. B. e Maines, L. A. (2010) concluíram que melhores relações com o governo e a adesão a normas de sustentabilidade voluntárias podem reduzir o risco de imposição de regras rigorosas e juridicamente vinculativas à empresa.

Pickering, K. T. e Owen, L. A. (1997) referem que a primeira preocupação com o ambiente foi expressa na Conferência das Nações Unidas sobre o Ambiente Humano, realizada em Estocolmo, na Suécia, em junho de 1972. A cimeira seguinte, a Conferência do Rio, realizou-se no Brasil em 1992 e tem sido referida como a Cimeira da Terra. Pickering e Owen explicaram também que a Cimeira da Terra ofereceu aos líderes mundiais uma rara oportunidade de chegar a um consenso sobre a forma de gerir o nosso planeta. O principal resultado da conferência foi o princípio dos 27 pontos, adotado por todos os 171 países.

Capítulo 6

RECOMENDAÇÕES

Os problemas, oportunidades e necessidades da indústria têxtil no que diz respeito à gestão ambiental e à produção mais limpa estão a tornar-se cada vez mais evidentes e importantes, e a perspetiva de gestão ambiental dos seus clientes começou recentemente a centrar-se nas questões de gestão da oferta, com ênfase nos conceitos de produção mais limpa. Entretanto, há um movimento considerável e intenções institucionais em instituições públicas e outras instituições relevantes para o desenvolvimento de aplicações de produção mais limpa. As seguintes recomendações relativas aos processos têxteis devem ser consideradas como melhores práticas.

- Deve ser desenvolvida e aplicada uma política de produção mais limpa e deve ser elaborada e posta em vigor legislação-quadro para a produção mais limpa.

- Deverão ser oferecidos serviços específicos, como formação, consultoria, auditorias, etc., para a gestão ambiental geral, para a regulamentação nova e potencial e para o conceito de produção mais respeitadora do ambiente, incluindo o controlo, a avaliação comparativa e os indicadores de desempenho ambiental.

- A indústria deve criar ETP funcionais e pô-las a funcionar regularmente. Nenhuma água deve ser descarregada sem ser devidamente tratada.

- Devem ser tomadas iniciativas para que todas as indústrias têxteis introduzam uma produção limpa e eficiente.

- Todas as indústrias têxteis devem ter em conta as novas regras de estabelecimento. As novas indústrias têxteis só devem ser autorizadas pelo governo em determinadas zonas e não em zonas residenciais ou comerciais.

- A adaptação à minimização dos resíduos pode levar a uma redução considerável da poluição e dos custos de produção.

- Todos os trabalhadores devem ser examinados regularmente por um médico do trabalho.

- Certifique-se de que cada instalação possui proteção contra incêndios e portas corta-fogo suficientes.

- Os aparelhos eléctricos, as tomadas, os cabos e as fichas devem ser mantidos limpos e sem pó e verificados regularmente.

- Crie o seu próprio grupo de inspeção para analisar regularmente as questões de segurança e os factores de risco.

- Confirmação de um ambiente melhor e mais seguro para os trabalhadores.

- A adesão à BTMEA só deve ser concedida depois de cumpridas as normas ambientais e de segurança no local de trabalho.

- O governo precisa de desenvolver uma política têxtil concreta para a sustentabilidade.

- O governo deve preparar uma política específica e um grupo de trabalho para a inspeção de edifícios fabris normalizados.

- Os trabalhadores são a parte mais importante de uma fábrica, que não pode funcionar um único dia sem a sua contribuição e capacidade de trabalho. A saúde e a segurança dos trabalhadores devem, por conseguinte, constituir uma prioridade absoluta. O ambiente de trabalho deve ser agradável para eles.

- Devem ser realizadas acções de sensibilização e de reforço das capacidades sobre questões ambientais relacionadas com a indústria têxtil para todas as partes interessadas, começando pelas instituições públicas a nível nacional, regional e setorial.

• **Capítulo 7**

CONCLUSÃO

A força vital da economia do Bangladesh é a indústria têxtil. Após a guerra de libertação do Bangladesh, a indústria têxtil e do vestuário tornou-se o principal sector de exportação do país e o principal produto de exportação em termos de receitas em divisas. Uma grande parte da força de trabalho do país está empregada neste importante sector industrial, onde as mulheres representam cerca de 80% dos trabalhadores. A indústria têxtil está a expandir-se rapidamente, criando numerosas oportunidades de emprego para trabalhadores qualificados e não qualificados. Este sector industrial desempenha um papel importante na redução da pobreza, proporcionando oportunidades de emprego. Graças ao sector têxtil, o crescimento económico do país tem sido surpreendentemente estável nos últimos dez anos. O país exporta 60% dos seus produtos de vestuário para a Europa e 40% para a América.

Uma vez que o sector têxtil se tornou a espinha dorsal da economia do país, é necessário tomar uma série de iniciativas com vista à estabilidade e sustentabilidade futuras. A maioria dos compradores estrangeiros preocupa-se com o ambiente e exige produtos mais ecológicos - numa palavra, uma produção mais limpa. Algumas marcas já começaram a utilizar um rótulo ecológico normalizado nos seus produtos e sítios Web. Estas empresas pretendem apelar aos consumidores através da sua iniciativa a favor de uma produção mais ecológica e da sua responsabilidade para com o ambiente, de modo a tornar o processo de fabrico dos produtos mais ecológico e a promover o desenvolvimento sustentável.

O objetivo deste estudo foi analisar a atual situação ambiental da indústria têxtil do Bangladesh na região de Savar. O estudo baseou-se na recolha e análise de dados relacionados com as questões de uma produção mais amiga do ambiente na indústria têxtil, utilizando uma revisão da literatura e um estudo de inquérito aprofundado, desenvolvido e realizado em conformidade. Neste contexto, foi efectuada uma análise a nível micro para a indústria têxtil. A análise foi apoiada por uma extensa pesquisa bibliográfica e inquéritos, incluindo trabalhos científicos, estatísticas oficiais, relatórios de projectos, etc.

De acordo com a Lei de Proteção Ambiental do Bangladesh de 1995, deve ser obtida uma licença ambiental para cada tipo de indústria e de projeto. Verificou-se, portanto, durante o estudo, que todas as fábricas tinham obtido uma licença ambiental do DoE, Bangladesh. No Bangladesh, existem também regulamentos que exigem a construção de uma estação de tratamento de águas residuais (ETAR) para cada fábrica têxtil, mas muito poucas fábricas têxteis construíram a sua própria ETAR. As pequenas fábricas não estão interessadas nos elevados custos de construção e funcionamento de uma ETAR. Além disso, o controlo e a aplicação inadequados da legislação em vigor levam os proprietários das fábricas a evitar a construção de uma ETP. O facto de os proprietários das fábricas têxteis descarregarem as suas águas residuais direta ou indiretamente na natureza e nos cursos de água próximos constitui uma grande ameaça à sustentabilidade ambiental. Apenas algumas fábricas dispõem de um procedimento eficaz de gestão geral dos resíduos. Para além do problema da poluição, muitos proprietários de fábricas não cumprem os regulamentos mínimos de segurança aplicáveis à indústria têxtil. Na ausência de políticas adequadas ou de políticas laborais e sindicais concretas neste sector, a maior parte dos proprietários de fábricas vêem esta situação como uma vantagem e procuram obter mais lucros sem investir suficientemente na segurança dos trabalhadores nos seus locais de trabalho. Foi observado de perto que, embora exista uma boa legislação ambiental no Bangladesh, apenas as fábricas com certificação ISO 14001 cumprem corretamente o sistema de gestão ambiental, uma vez que mantêm a certificação ISO 14001. Verificou-se que as organizações que aplicam a norma ISO 14001 são bem sucedidas numa série de domínios, incluindo a redução do consumo de energia e de água, uma abordagem mais sistemática da conformidade regulamentar e um melhor desempenho ambiental global.

As empresas têxteis enfrentam uma série de desafios ambientais e sociais significativos. Nenhum destes desafios é insuperável, mas se não forem abordados e geridos eficazmente, prejudicam não só o ambiente, mas também as operações e a rentabilidade da empresa. Um sistema de gestão ambiental alarga esta abordagem à gestão do impacto das empresas no ambiente e das condições de trabalho no local de trabalho. É importante que o governo, as organizações privadas e os proprietários de fábricas tomem iniciativas responsáveis e se comprometam a melhorar o ambiente de trabalho, a fim de alcançar uma posição satisfatória em termos de sustentabilidade.

As organizações de todos os tipos esforçam-se cada vez mais por alcançar e demonstrar um forte desempenho ambiental, controlando o impacto das suas actividades, produtos e serviços no ambiente, em conformidade com a sua política e objectivos ambientais. Isto acontece num contexto de legislação cada vez mais rigorosa, de desenvolvimento de políticas económicas e de outras medidas para promover a proteção do ambiente, bem como de uma crescente preocupação das partes interessadas com as questões ambientais e o desenvolvimento sustentável.

Como se pode ver nos resultados da análise dos dados do inquérito e das actividades ambientais das empresas, foram examinados vários factores neste estudo, a fim de identificar barreiras e medidas correctivas para o sistema de gestão ambiental da indústria têxtil no Bangladesh. No entanto, devido ao impacto simultâneo de diferentes factores, não é suficiente concentrarmo-nos na sua importância para a introdução do sistema de gestão ambiental e das actividades ambientais. O problema pode ser resolvido através da análise do problema de decisão das empresas relativamente às medidas de gestão ambiental e à introdução de um sistema de gestão ambiental utilizando modelos Probit ou Logit. Estas tarefas estão reservadas para investigação futura.

Além disso, os resultados da investigação e as recomendações seriam de grande utilidade para os decisores políticos, as autoridades municipais, os planeadores, os investigadores e os estudantes, bem como para os ecologistas envolvidos na investigação e desenvolvimento futuros e na tomada de decisões sobre sistemas de gestão ambiental. Desta forma, poderá contribuir para a criação de um ambiente sustentável.

Embora a análise deste estudo indique, a curto prazo, a importância do sistema de gestão ambiental na indústria têxtil e o deficiente sistema de gestão ambiental da indústria têxtil no Bangladesh, recomenda-se que a análise seja repetida e que sejam efectuados estudos de campo mais amplos para explorar o desenvolvimento sustentável.

REFERÊNCIAS

- [st]Aboulnag, I. (1998): Integrating Quality and Environmental Management as Competitive Business Strategy for the 21 Century, Environmental Management and Health, 9, 2, 6571.

- Agarwal, H.O., (1999). International Law and Human Rights (Direito Internacional e Direitos Humanos). Allahabad: Central Law Publications, p, 562.

- Ahmed, Anis e Paul, Ruma (25 de novembro de 2012). "O pior incêndio de sempre numa fábrica do Bangladesh mata mais de 100 pessoas". (http://www.reuters.com/article/2012/11/25/us-bangladesh-fire-idUSBRE8AN0CG201211 25). Acedido em 25 de novembro de 2015.

- Ahmed, Farid (25 de novembro de 2012). "Pelo menos 117 mortos no incêndio de uma fábrica de vestuário no Bangladesh". (http://www.cnn.com/2012/11/25/world/asia/bangladesh-factory-fire/?hpt=hp_t1). Acedido em 25 de novembro de 2012

- Alam M.J., Mamun, M.Z. e Islam, N. (2004). "Workplace Security of Female Garments Workers in Bangladesh", Social Science Review, Volume 21, n.º 2, pp. 191-200.

- Ammenberg J. e Sundin E. (2005). Science Direct, Products in environmental management systems: drivers, barriers and experiences. (http://www.sciencedirect.com/science?_ob=ArticleURL&_udi=B6VFX-4BNVW8D1&_user=644585&_rdoc=1&_fmt=&_orig=search&_sort=d&view=c&_acct = C000034638&_version=1&_urlVersion=0&_userid=644585&md5=65b23fa893a7c4038 2 b52ed9188ff9e7). Acedido em 28 de janeiro de 2016.

- Anbarasan, Ethirajan (25 de novembro de 2012). "Incêndio em fábrica de vestuário em

Dhaka, Bangladesh mata mais de 100". (http://www.bbc.co.uk/news/world-asia-20482273). Acedido em 25 de novembro de 2012

- Anderson J. (1998). Desenvolvimento de uma estratégia de investigação ambiental na Suécia. J Constr Steel Res; 46(1e3):13e4.

- Ann, G.E.; Zailani, S. e Wahid, N.A. (2006). A study of the impact of environmental management system (EMS) certification on business performance in Malaysia. Management of Environmental Quality: An International Journal, Vol. 17, No. 1, pp. 73-93.

- Aravind, D. e Christmann, P. (2011). Decoupling standard implementation from certification: does the quality of ISO 14001 implementation influence corporate environmental performance? Business Ethics Quarterly, 21(1), 73-102. doi : 10.1017/S1052150X00010277

- Lei de Proteção Ambiental do Bangladesh de 1995

- Legislação ambiental do Bangladesh de 1997

- Direito do trabalho Bangladesh 2015

- Bansal, P. e Roth, K. (2000). Why companies go green: a model of ecological responsibility. Academy of Management Journal, 43(4), 717-736. doi : 10.2307/1556363

- Bansari, N. (2010). Textile and Clothing Sector in Post MFA Regime: A Case from Bangladesh, Gender and Trade, Commonwealth Secretariat. (http://www.genderandtrade.org). Acedido em 12 de novembro de 2015

- Bebbington J. (2001). "Sustainable development: a review of the international literature on development, trade and accounting", Accounting Forum 25.2: 128-57

- BGMEA, 2014, acedido em 5 de junho de 2015. "Declaração comparativa sobre as exportações de RMG e as exportações totais do Bangladesh".

Blackburn W. R. (2007). The sustainability handbook: the complete management guide to achieve social, economic and environmental responsibility. Earthscan.

- Brorson, T. e Larsson, G. (1999). Environmental Management: How to set up an environmental management system in a company or other organization, EMS AB, Stockholm.

- Buysse, K. e Verbeke, A. (2003). Estratégias ambientais proactivas: uma perspetiva de gestão das partes interessadas. Strategic Management Journal, 24(5), 453. doi : 10.1002/smj.299

- Cascio J., Woodside G. e Mitchell P. (1996). Guia ISO 14001: As novas normas internacionais de gestão ambiental. MarGrah-Hill Professional.

- CCC e SOMO (2013). Moda Fatal" Disponível em: http://www.cleanclothes.org/resources/publications/fatal-fashion.pdf ; Hora da pesquisa: 8:50h 3 Fev 2016

- Chandran M. Vijaya, Aregai Mekonen e Reddy T. Byragi (2013). Environmental appraisal - Indian scenario, International journal of engineering and management sciences, vol. 4(2), 218-222.

- Chavan, M. (2005). Uma avaliação dos sistemas de gestão ambiental: uma vantagem competitiva para as pequenas empresas. Management of Environmental Quality: An International Journal, Vol. 16, No. 5, p. 444-63.

- Chavan, R.B. (2001). Processos de tingimento de algodão amigos do ambiente. Ind. J. Fibre Textile Res. 4:239-242.

- Kind, J. e Tsai, T. (2005). The dynamics between corporate environmental strategies and institutional constraints in emerging countries: Lessons from China and Taiwan. Journal of Management Studies, 42(1), 95-125. doi : 10.1111/j.1467-6486.2005.00490.x

- Christofferson, B., 2004, L'homme du Lac Clair. Imprensa da Universidade de Wisconsin. Ecosystem Restoration, 2004. Ecosystem Restoration. Hamtat fran. (http://ecorestoration.montana.edu/mineland/guide/problem/impacts/default.htm). Acedido em 12 de abril de 2016

- CIA (2013). The World Factbook" Disponível em :
  https://www.cia.gov/library/publications/the-world-factbook/geos/bg.html ; Hora da
  pesquisa : 8:50am 3 Feb 2016

- Clarkson, P. M.; Li, Y.; Richardson, G. D. e Vasvari, F. P. (2011). Vale mesmo a pena ser
  verde? Determinantes e consequências de estratégias ambientais proactivas. Journal of
  Accounting & Public Policy, 30(2), 122-144. doi : 10.1016/j.jaccpubpol.2010.09.013

- Clements, R. B. (1996): A complete guide to ISO 14000. Upper Saddle River, New
  Jersey: Prentice Hall.

- CNTAC (2006). Empresa piloto para a implementação do CSC9000T. Disponível em:
  http://www.csc9000.org.cn/cn/NewsDetail.asp?AID=13211

- Das, Subrata (2008). "A questão da conformidade social no sector do vestuário do
  Bangladesh". Sítio Web oficial da Fiber 2 Fashion.

- Dasgupta, S. (2002). "Attitudes towards trade unions in Bangladesh, Brazil, Hungary and
  Tanzania", artigo de jornal na International Labour Review, Vol. 14 (1), 2002.

- Delmas, M. A. e Toffel, M. W. (2004). Stakeholders and environmental management
  practices: an institutional framework. Business Strategy & the Environment, 13(4),
  209222. doi : 10.1002/bse.409

- Delmas, M. A., & Toffel, M. W. (2008). Organizational responses to environmental
  demands: Opening the black box. Strategic Management Journal, 29(10), 1027-1055. doi
  : 10.1002/smj.701

- Dowell, G.; Hart, S. e Yeung, B. (2000). Do global corporate environmental standards
  create or destroy market value? Management Science, 46(8), 1059-1074. doi :
  10.1287/mnsc.46.8.1059.12030

- Dumitrescu, I.; Mocioiu A. e Visileanu E. (2008). Cleaner production in Romanian textile
  industry: a case study, International Review of Environmental Studies, Volume 65 (4) :
  549-562

- El Ghoul, S., Guedhami, O., Kwok, C. C., & Mishra, D. (julho de 2010). Does corporate social responsibility have an impact on the cost of capital? Online em Principles for Responsible Investment: http://www.unpri.org/files/Article4_EG.pdf. Acedido em 20 de julho de 2011.

- Elkington, J. (2004). Enter the triple bottom line. Em The Triple Bottom Line: Does It All Add up? Henriques, A., Richardson, J., Eds ; Earthscan : Londres, Reino Unido, 2004 ; p. 1-16.

- Emilsson S e Hjelm O (2002). Introdução de sistemas normalizados de gestão ambiental nas autoridades locais suecas: razões, expectativas e alguns resultados. Environmental Science and Policy. 5 S. 443-448.

- FIAS, Enterprise for Social Responsibility (2007). Corporate Social Responsibility in the Information and Communication Technology (ICT) Sector in China (Responsabilidade Social das Empresas no Sector das Tecnologias da Informação e da Comunicação (TIC) na China). Programa das Nações Unidas para o Ambiente.

- Gavronski, I.; Ferrer, G. e Paiva, E.L. (2008). Certificação ISO 14001 no Brasil: motivações e benefícios. Journal of Cleaner Production, volume 16, número 1, pp. 87-94. Recuperado de http://www.sciencedirect.com/science/article/pii/S095965260600415X [21 de maio de 2015].

- Gavronski, I.; Paiva, E. L.; Teixeira, R. e Andrade, M. C. F. de (2012). Empresas certificadas pela ISO 14001 no Brasil - Taxonomia e práticas. Journal of Cleaner Production, 39, 3241. doi: 10.1016/j.jclepro.2012.08.025

- Embaixada da Alemanha em Daca (15 de junho de 2010). "Normas sociais e ambientais na indústria do vestuário pronto a vestir no Bangladesh". (www.dhaka.diplo.de/.../Bekleidungsindustrie__Seite.html). Acedido em 15 de junho de 2015

- Goodshall, L. E. (2000). ISO 14001: um estudo de caso da certificação na Bayer.

- Haider, Mohammed Ziaul (2007). "Competitiveness of Bangladesh's ready-made garment industry in key international markets" [Competitividade da indústria de pronto-a-vestir do Bangladesh nos principais mercados internacionais]. Asia-Pacific Trade and Investment Review Vol. 3, No. 1, junho.

- Hammarplast AB. 2005. (http://www.hammarplast.com/?id=1344&page=1&fileid=2658&folder=2706&productid = 7310543522758&FolderSearch). Acedido em 1 de agosto de 2015

- Hart, S. L. (1995). A natural resource-based view of business. Academy of Management Review, 20(4), 986-1014. doi : 10.5465/AMR.1995.9512280033

- Hillary, R. (2004). Sistemas de gestão ambiental e pequenas empresas. Journal of Cleaner Production, Vol. 12, Iss. 6, pp. 561-569. Recuperado de http://www.sciencedirect.com/science/article/pii/S0959652603001549 [20 de maio de 2015].

- Hoffman, A. J. (2001). Linking organisational and field level analysis: the diffusion of environmental practices in business. Organisation & Environnement, 14(2), 133-156. doi : 10.1177/1086026601142001

- Hoskisson, R. E.; Wright, M.; Filatotchev, I.; & Peng, M. W. (2013). Multinacionais emergentes em economias de média dimensão: a influência das instituições e dos mercados de factores. Journal of Management Studies, 50(7), 1295-1321. doi: 10.1111/j.1467- 6486.2012.01085.x

- Hossain, Hameeda (2007). "Conformidade com a crise do vestuário: quem a provocou?". Indústria de vestuário do Bangladesh.

- http://www.epa.gov/ems/

- http://www.unglobalcompact.org/

- http://www.unido.org, UNIDO, Responsible Entrepreneurs Achievement Programme (REAP), Guia de Gestão Ambiental.

- http://www.unido.org, UNIDO, Responsible Entrepreneurs Achievement Programme (REAP), Guia de Gestão Ambiental.

- Hui, I.K.; Chan, A.H.S e Pun, K.F. (2001). Um estudo sobre as práticas de introdução de sistemas de gestão ambiental. Journal of Cleaner Production, Vol. 9, Iss. 3, pp. 269276. Recuperado de http://www.sciencedirect.com/science/article/pii/S0959652600000615 [19 de maio de 2015].

- IFC (Sociedade Financeira Internacional), 2004. Manual para a implementação do SGA nas PME. (http://www.ifc.org/ifcext/enviro.nsf/Content/EMS). Acedido em 22 de junho de 2016

- OIT (2004). Addressing Child labour in the Bangladesh Garment Industry 19952001 : A synthesis of UNICEF and ILO evaluation studies of the Bangladesh Garment sector projects, Dhaka, August 2004, ILO Publication, International Labour Office, CH-1211 Geneva 22, Switzerland.

- OIT e BGMEA (2003). "A Handbook on Relevant National Laws and Regulation of Bangladesh", BGMEA, Dhaka, Bangladesh.

- Ingrid, Stigzelius e Cecilia, Mark-Herbert (2009). Responsabilidade empresarial à medida dos fornecedores: gestão da SA8000 na produção de vestuário na Índia. Scandinavian of Management, volume 25, n° 1, p. 46-56.

- Organização Internacional do Trabalho (OIT) (Daca, Bangladesh), 22 de outubro de 2013, acedido em 5 de junho de 2015. "Um importante programa da OIT para tornar a indústria do vestuário mais segura no Bangladesh".

- Organização Internacional do Trabalho. 2010. "International trade agreements and the Cambodian garment industry: How has the multifibre agreement affected Cambodia?"

- Relatório Ipsos Mori sobre lealdade (2008). Envolver os trabalhadores através da responsabilidade empresarial.

- ISO 14001. (2004). International Organization for Standardization: Environmental

Systems Manual: Genebra, Suíça. Elsevier Butterworth-Heinemann 2004.

- Jabbour, C. J. C.; Silva, E. M. Da; Paiva, E. L. e Almada Santos, F. C. (2012). Gestão ambiental no Brasil: é uma prioridade absolutamente competitiva? Journal of Cleaner Production, 21(1), 11-22. doi : 10.1016/j.jclepro.2011.09.003

- Jonsson M. (2008). Potencial conflito na relação entre crescimento económico e sustentabilidade ambiental. Gotenberg: Universidade de Gotenberg.

- Julfikar (1 de junho de 2015). New York Times. "A polícia de Bangladesh acusa 41 de assassinato pelo colapso do Rana Plaza".
(http://www.nytimes.com/2015/06/02/world/asia/bangladesh-rana-plaza-murder-charges.ht ml). Acedido em 1 de junho de 2015.

- Khan, F.R. (2006). Compliance: Das Gebot der Stunde in der Bekleidungsindustrie; Droit & nos droits, edição n.º 249, 05 de agosto de 2006.

- Kumar, A. (2006). "Bangladesh: Industrial Chaos Worsens Political Instability", South Asia Analysis Group, Paper No.1852.

- Lopez-Rodriguez, S. (2009). Compromisso ambiental, capacidades organizacionais e desempenho empresarial. Corporate Governance, Vol. 9, No. 4, pp. 400-8.

- Lorch, Klaus (1991). "Privatização através da venda privada: a indústria têxtil do Bangladesh". Em Ravi Ramarmurti; Raymond Vernon. Privatisation and control of state-owned enterprises. S. 93-128.

- Mahmud R.B (2012). Desenvolvimento de competências no sector dos RMG no Bangladesh, The News Today

- Majumder, P.P. (1998). "Health status of the Garment workers in Bangladesh; Findings from a survey of employer and employees", Bangladesh Institute of Development Studies (BIDS), Dhaka, Bangladesh.

- Marshall J. D., Michael T. W. (2005). Framing the Elusive Concept of Sustainability. Ambiente, Ciência e Tecnologia Vol 39.

Massey DW, Shaw D e Brown PJB (1997). Exigências económicas vs. qualidade ambiental na cabeça do dragão: a Zona de Comércio Livre de Waigaoqiao, Xangai. J Environ Plan

Manage; 40(5): 661e79.

- Meadows D. H., Meadows D. l., Randers J., e Behrens W. W. (1972). The Limits to Growth: a Report for the Club of Rome's Project on the Predicament of Mankind. Londres: Earth Island.

- Melnyk SA, Sroufe RP e Calantone R (2003). Assessing the impact of environmental management systems on business and environmental performance (Avaliação do impacto dos sistemas de gestão ambiental no desempenho empresarial e ambiental). J Oper Manag; 21: 329-51.

- Miles, M. e Covin, J. (2000). Environmental marketing: a source of reputational, competitive and financial advantage. Journal of Business Ethics, p. 299-311.

- Momen, Nurul (2007). "Implementation of Privatization Policy: Lessons from Bangladesh", The Innovation Journal: The Public Sector Innovation Journal (Rajshahi, Bangladesh.) 12 (2).

- Morshed, M.M. (2007). "A study on Labour rights implementing in Ready-made garments (RMG) industry in Bangladesh", Bridging the gap between theory and practice, Coleção de teses, Centro de Estudos de Transformação Social da Ásia-Pacífico (CAPSTRANS), Universidade de Wollongong, 2007

- Moxen, John, e Strachan, P. A. (2000) ISO 14001: a case of cultural myopia. EcoManagement and Audit. 7, 82-90.

- Netherwood, A. (1996). GESTÃO AMBIENTAL EMPRESARIAL: SISTEMAS E ESTRATÉGIAS. Richard Welford. Londres: Earthscan Publications.

- Nurn, C. W. e Tan, G. (setembro de 2010). Alcançar benefícios intangíveis e tangíveis da responsabilidade social das empresas. International Review of Business Research Papers,

6 (4), pp. 360-371.

- O'Riorden T. (1995). Environmental science for environmental management. Longman: Harlow. p. 23.

- Oxfam, 23 de dezembro de 2010, acedido em 5 de junho de 2015. "31 mortos em incêndio em fábrica do Bangladesh - As marcas estão a fazer muito pouco, muito tarde: 31 trabalhadores morreram e 200 ficaram gravemente feridos num novo incêndio numa fábrica de vestuário no Bangladesh".

- Pennington, Matthew (27 de junho de 2013), "EUA suspendem privilégios comerciais no Bangladesh após desastre na indústria do vestuário". (http://globalnews.ca/news/678166/us-suspends-bangladesh-trade-privileges-after-garment -industry-disaster/). Acedido em 5 de junho de 2015

- Pickering, K. T. e Owen, L. A. (1997). An Introduction to Global Environmental Issues, Routledge, Reino Unido.

- Poksinska, B., Dahlgaard, J. e Eklund, J. (2003). A introdução da ISO 14000 na Suécia: motivações, benefícios e comparações com a ISO 9000. International Journal of Quality & Reliability Management, 20, 585-606. http://dx.doi.org/10.1108/02656710310476543

- Psomas, E.L., Fotopoulos, C.V., Kafetzopoulos, D.P. (2011). Razões, dificuldades e benefícios da introdução do sistema de gestão ambiental ISO 14001. Environmental Quality Management: An International Journal, Vol. 22 Iss. 4, pp.502521. Recuperado de http://www.emeraldinsight.com.ezproxy.ub.gu.se/doi/full/10.1108/14777831111136090 [5 April 2015]

- Psomas, E.L.; Fotopoulos, C.V. e Kafetzopoulos, D.P. (2011). Razões, dificuldades e benefícios da introdução do sistema de gestão ambiental ISO 14001. Environmental Quality Management: An International Journal, Vol. 22 Iss. 4, pp.502521. Recuperado de http://www.emeraldinsight.com.ezproxy.ub.gu.se/doi/full/10.1108/14777831111136090 [5 April 2015]

- Quadir, Serajul e Paul, Ruma (9 de maio de 2013). "Incêndio em fábrica de Bangladesh mata 8; colapso conta 900". (http://www.reuters.com/article/2013/05/09/us-bangladesh-fire-idUSBRE948O1T2013050 9?feedType=RSS&feedName=topNews). Acedido em 2 de março de 2015

- Quddus, Munir e Rashid, Salim (2000). Entrepreneurs and Economic Development: the remarkable story of Bangladeshi garment exports (Empresários e desenvolvimento económico: a história notável das exportações de vestuário do Bangladesh). Dhaka: The University Press Limited.

- Qudus e Uddin S. (1993). "Poderão o controlo e a vigilância ser úteis para estabelecer a conformidade social na indústria do pronto-a-vestir (RMG) no Bangladesh?" International Journal of Management and Business Studies, Vol. 3 (3), pp. 088-100.

- Rahman M.M., Khanam R. e Nur, U.A. (1999). Child labour in Bangladesh: a critical appraisal of the Harkin Bill and the MOU schooling programme, Journal of Economic Issues, Vol. 33, 1999.

- Redclift M. (2000). Sustainability, life chances and livelihoods (Sustentabilidade, oportunidades de vida e meios de subsistência). Londres: Routledge.

- Robert G. (1995). O conceito de sustentabilidade ecológica. Revisão Anual de Ecologia e Sistemática.

- Robert K. H., Broman G., Waldron D., Ny H., Byggeth S., Cook D., Johnsson L., Oldmark J., Basile G., Haraldsson H. & MacDonald J. (2007). Strategic leadership on the road to sustainability. Karlskrona, Suécia: Instituto de Tecnologia de Blekinge.

- Rock MT e Angel DP (2007). Grow first, industrial transformation in East Asia. Ambiente 2007; 49: 10-19.

- Roome N. J. (1998). Sustainability strategies for industry: the future of business practice.

Island Press.

- Roy, M., e Vezina, R. (2001). Environmental Performance as a Basis for Competitive Strategy: Opportunities and threats", Corporate Environmental Strategy, 8, 4, 339347.

- Santos-Reyes, D.E. e Lawlor-Wright, T. (2001). Uma metodologia de design ecológico para apoiar um sistema de gestão ambiental. Sistemas Integrados de Produção, Vol. 12, No. 5, pp. 323-32.

- Sharma, S. e Henriques, I. (2005). Influência das partes interessadas nas práticas de sustentabilidade na indústria florestal canadiana. Strategic Management Journal, 26(2), 159-180. doi : 10.1002/smj.439

- Sheldon, C. (1997). ISO 14001 and beyond: EMS in the real world - Green Leaf Publications, Nova Iorque.

- Shikdar, A. A. e Sawaqed, N. M. (2003). Produtividade dos trabalhadores e questões de saúde e segurança no trabalho em indústrias seleccionadas. Computer & Industrial Engineering, 45(4), 563572.

- Shrivastava, P. (1995). Environmental technologies and competitive advantage. Strategic Management Journal, 16(S1), 183-200. doi : 10.1002/smj.4250160923

- Smith, B. (1986). Identification and Reduction of Pollution Sources in the Wet Processing of Textiles (Identificação e Redução de Fontes de Poluiçao no Processamento Húmido de Têxteis). Publicado pelo Pollution Prevention Pays Program, Department of Natural Resources and Community Development, Raleigh, Carolina do Norte.

- Smith, T. (2005). Institutional and social investors find common ground. Journal of Investing, p. 57-65.

- Sprinkle, G. B. e Maines, L. A. (2010). The benefits and costs of corporate social responsibility. Business Horizons , 53, p. 445-453.

- Stapleton JP, Margaret AG e Davis SP (2001). Environmental management systems: an implementation guide for small and medium-sized organizations, Maryland:

GloverStapleton Associates.

- Stapleton, P., Glover, M., e Davis, S. (2001): Environmental Management Systems: An Implementation Guide for Small and Medium Sized Organizations, (2 ed) NSF International: U.S.A.

- Steffen W., Sanderson A., Jager J., Tyson P. D., Moore B. III, Matson P. A., Richardson K., Oldfield F., Schellnhuber H. J., Turner B. L. II e Wasson R.J. (2004). Global Change and the Earth System: A Planet under Pressure, série de livros do IGBP. Heidelberg, Alemanha: Springer-Verlag.

- Stephen T. (2001). Environmental management plans demystified: A guide to implementing ISO 14001, Taylor & Francis.

- Índice para uma sociedade sustentável. Disponível em linha: http://www.ssfindex.com (acedido em 15 de junho de 2014).

- Tencati, A., Perrini, F. & Pogutz, S. (2004). Novos instrumentos para promover um comportamento empresarial socialmente responsável. Revue d'éthique économique. 53: 173-190. Kluwer Academic Publishers.

- Jornal The Economist. 4 de maio de 2013. "Da próxima vez, evitar o fogo".

- The Economist. 4 de maio de 2013. "Catástrofe no Bangladesh: Trapos nas ruínas: a tragédia mostra a necessidade de uma melhoria radical das normas de construção".

- Thornton, R. (2003). Achieving ISO 14001 compliance: A step-by-step guide. Certificação DNV. 2003. (http://www.dnvcert.com/DNV/Certification1/Resources1/Articles/Environmental/Seekin g IS). Acedido em 15 de maio de 2015

- Totten, Samuel; Paul Robert Bartrop, Steven L. Jacobs. Dictionary of Genocide: A-L. Volume 1: Greenwood. P. 34. ISBN 978-0-313-32967-8.

- Perrin Towers (2007). Estudo sobre a força de trabalho global 2007.

- Towlson, D. (2003). NEBOSH: Certificado Geral Internacional em Segurança e Saúde no

Trabalho. RRC Bussiness Training, Londres.

- Trotman . E.R. (1964). Dyeing and chemicals technology of textile fibre, editado por Griffin Nottingham.

- U.S. EPA. 1996b. Characterization of municipal solid waste in the United States: 1996 update. EPA530-R-97-015. Washington, DC.

- Fundo de Desenvolvimento das Nações Unidas para as Mulheres (2008). "Women Seeking Accountability in the Bangladeshi Garment Industry" [Mulheres à procura de responsabilidade na indústria de vestuário do Bangladesh]. (www.unifem.org). Acedido em 15 de junho de 2015

- Programa das Nações Unidas para o Ambiente (1996). "Produção mais limpa: um conjunto de documentos de formação, A indústria e o ambiente".

- Programa das Nações Unidas para o Ambiente (2002). "Sustainable Consumption and Cleaner Production Global Status 2002", Programa das Nações Unidas para o Ambiente, Departamento de Tecnologia, Indústria e Economia, ISBN: 92-807-2073-2, Cedex, França.

- Vandevivere PC, Bianchi R e Verstraete W (1998). Tratamento e reutilização de águas residuais da indústria têxtil de processamento por via húmida: uma visão geral das novas tecnologias. J Chem Technol Biotechnol; 72: 289-302.

- Welford, R. (1995): Estratégia ambiental e desenvolvimento sustentável. The Corporate Challenge for the 21st century. Routledge, Londres e Nova Iorque.

- Welford, R. (2000), corporate environmental management 3, towards sustainable development, Earth scan Publications Lt, London, UK.

- Winkler T, Muhlendahl C V & Fischer T, II/I Texi B/I/I, 44e (1998) 35.

- Comissão Mundial sobre Ambiente e Desenvolvimento. Our Common Future; Oxford University Press: Nova Iorque, NY, EUA, 1987.

- Melhorar a qualidade social a nível mundial (2010). Conferência das partes interessadas da WE. Berlim.

- Secretariado da OMC, arquivado em 3 de novembro de 2008. Acedido em 29 de outubro de 2008. "Têxteis no sítio Web da OMC".

- Yardley, Jim (23 de agosto de 2012). "Made in Bangladesh: a potência exportadora sente as dores da luta laboral". (http://www.nytimes.com/2012/08/24/world/asia/as-bangladesh-becomes-export-powerho use-labour-strife-erupts.html?smid=pl-share). Acedido em 22 de abril de 2015

- Z. Khatri e K. M. Brohi (2 de fevereiro de 2011). "Têxteis amigos do ambiente - um caminho para a sustentabilidade", Knol - uma unidade de conhecimento, versão 4.

- Zain, Syed (1 de junho de 2015). Wall Street Journal (Dhaka, Bangladesh), "Bangladeshi Police Charge 42 With Homicide for 2013 Garment Factory Collapse: Rana Plaza collapse outside Dhaka killed more than 1,136 people in April 2013". (http://www.wsj.com/articles/bangladeshi-police-charge-42-with-homicide-for-2013-garm ent-factory-collapse-1433181270). Acedido em 5 de junho de 2015.

- Zutshi, A. e Sohal, A.S. (2004). Introdução e manutenção de sistemas de gestão ambiental. Critical success factors. Management of Environmental Quality: An International Journal, Vol. 15, No. 4, pp. 399-419.

Apêndice - 1

Entrevistador para a entrevista
<u>**Entrevistador para a entrevista**</u>

A. <u>Informações gerais</u>

1. Nome da empresa :

2. Patrocinador do projeto :

3. Endereço:

4. Tipo de projeto :

5. produto final :

6. Número total de empregados :

7. Número de trabalhadores envolvidos na gestão ambiental :

B. <u>questionador :</u>

1. Tem a certificação ISO 14001? Em caso afirmativo, quais são os benefícios? Se não, está a considerar a certificação?

2. Dispõe de uma política ambiental? Em caso afirmativo, quais são os benefícios? Se não, porquê?

3. Existe um certificado de impacto ambiental emitido pelo Ministério do Ambiente do Bangladesh? Em caso afirmativo, que benefícios retira desse certificado? Em caso negativo, porquê?

4. Dispõe de um plano de gestão ambiental? Em caso afirmativo, que benefícios retira desse plano? Se não, porquê?

5. Existe um plano de monitorização ambiental? Em caso afirmativo, descrever. Em caso negativo, porque é que não existe?

6. A produção utiliza água? Em caso afirmativo, existe uma ETP? Se utiliza água mas não tem ETE, porque é que não construiu uma?

7. Tem uma caldeira? Em caso afirmativo, tem uma licença de caldeira? Se tem uma caldeira e não tem licença de caldeira, porque não a obtém?

8. Existe um gerador? Em caso afirmativo, é um gerador a gasóleo ou a gás?

9. Existe um procedimento de gestão dos resíduos? Em caso afirmativo, qual é o procedimento? Em caso negativo, está a considerar um procedimento de gestão de resíduos?

10. Fornece EPI (equipamento de proteção individual) a todos os trabalhadores? Em caso afirmativo, porquê? Se não, porquê?

11. A empresa possui uma licença de segurança contra incêndios? Oferece formação em matéria de combate a incêndios a todos os seus trabalhadores? Em caso afirmativo, qual é o objetivo dessa formação? Em caso negativo, porquê?

12. Existe um plano de preparação para situações de emergência? Em caso afirmativo, qual é o objetivo desse plano? Se não, porque é que não existe?

13. A empresa organiza acções de formação sobre questões ambientais para o seu pessoal? Em caso afirmativo, quais são os benefícios? Em caso negativo, porquê?

14. Existe um centro médico e um serviço de acolhimento de crianças? Em caso afirmativo, quais são as vantagens de um centro médico e de um serviço de acolhimento de crianças? Em caso negativo, porquê?

C. **Recomendação**

1. Poderia fazer uma recomendação para melhorar o sistema de gestão ambiental da indústria têxtil no Bangladesh?

Apêndice - 2

Plano de gestão ambiental

পরিবেশগত ব্যবস্থাপনা পরিকল্পনা (ইএমপি)
কমলা-খ ও লাল শ্রেণীভুক্ত বিদ্যমান ম্যানুফেকচারিং শিল্প প্রকল্পের ইএমপি ফরমেট*

শূন্যস্থানে প্রয়োজনীয় তথ্য প্রদান করুন / টিক চিহ্ন (✔) দিন এবং প্রযোজ্য ক্ষেত্রে তথ্যাদিসহ কাগজপত্র সংযোজন করুন

১.০ সাধারণ তথ্যাবলি

১.১ কোম্পানীর নাম ঃ _______________________

    ক) উদ্যোক্তা/উদ্যোক্তাগণের নাম ঃ _______________________

    খ) যোগাযোগের ঠিকানা ঃ _______________________

১.২ শিল্প প্রকল্পের নাম ঃ _______________________

    ক) শিল্প প্রকল্পের অবস্থানগত ঠিকানা ঃ _______________________

    খ) অফিসের বর্তমান ঠিকানা ঃ _______________________

    গ) টেলিফোন/ফ্যাক্স ঃ _______________________

    ঘ) ই-মেইল ঃ _______________________

(প্রকল্পের সাইটের অবস্থান নির্দেশিত প্রকল্প এলাকার সাধারণ ম্যাপ সংযুক্ত করুন যাতে রাস্তা, খাল, বিল, নদী, বন গুরুত্বপূর্ণ স্থাপনা ইত্যাদি দেখানো হবে। সাধারণ ম্যাপকে **সংযুক্তি-১** হিসেবে চিহ্নিত করুন)

২.০ প্রকল্পের বর্ণনা

২.১ প্রকল্পে মোট বিনিয়োগকৃত অর্থ ঃ _______________________

২.২ প্রকল্পের জমির বিবরণ

    ক) প্রকল্পের মোট জমির পরিমানঃ ___________ বর্গমিটার

    খ) স্থাপনা দ্বারা আচ্ছাদিত জমির পরিমানঃ ___________ বর্গমিটার

    গ) গাছপালা আচ্ছাদিত জমির পরিমান ঃ ___________ বর্গমিটার

(প্রকল্পের লে-আউট প্ল্যানঃ **সংযুক্তি-২ক**, দুরত্ব নির্দেশিত প্রকল্পসংলগ্ন এলাকার ম্যাপঃ **সংযুক্তি-২খ** এবং প্রকল্প কেন্দ্রিক সাইটের চারদিকের ছবিঃ **সংযুক্তি-২গ** সংযুক্ত করুন)

২.৩ **প্রকল্পের অবকাঠামোর বিবরণ** (Description of Project Infrastructures)

২.৩.১   শিল্প প্রকল্পের জন্য ইমারতঃ

☐   নির্মাণ করা হয়েছে   ☐   ভাড়া নেয়া হয়েছে

(ইমারতের অনুমোদিত লে-আউট প্ল্যানঃ **সংযুক্তি-২ঘ** সংযুক্ত করুন)

ইমারতের বিভিন্ন ফ্লোরের ব্যবহার	ফ্লোরের নাম্বার	ফ্লোরের ক্ষেত্রফল (বর্গ মিটার)
☐ প্রশাসন/অফিস		
☐ কারখানা/উৎপাদন কার্যক্রম		
☐ কাঁচামাল সংরক্ষণাগার		
☐ রাসায়নিক পদার্থ সংরক্ষণাগার		
☐ বিশ্রামাগার/ডে-কেয়ার		
☐ ক্যান্টিন		
☐ টয়লেট সুবিধা		
☐ জেনারেটর		
☐ অন্যান্য,		

পরিশোধন ব্যবস্থাসংক্রান্ত অবকাঠামো	জমির পরিমান (বর্গ মিটার)
☐ বর্জ্য পরিশোধনাগার	
☐ পানি পরিশোধনাগার	
☐ বিপদজনক বর্জ্য সংরক্ষণাগার	
☐ কঠিন বর্জ্য ও স্লাজ সংরক্ষণাগার	

২.৪ **কারখানা পরিচালনা কার্যক্রম** (Project Operation)

২.৪.১   যন্ত্রপাতির বিবরণঃ   (প্রয়োজনীয় সকল যন্ত্রপাতির তালিকা দিন, প্রয়োজন হলে আরও জায়গা ব্যবহার করুন)

যন্ত্রপাতি	সংখ্যা

২.৪.২ **কাঁচামাল** (উৎপাদনে ব্যবহার হবে এমন সকল রাসায়নিক পদার্থসহ সকল কাঁচামালের তালিকা দিন এবং প্রয়োজন হলে অতিরিক্ত জায়গা ব্যবহার করুন)

কাঁচামাল	কাঁচামালের উৎস	পরিমান (দৈনিক)

২.৪.৩ **উৎপাদন প্রক্রিয়া** (কারখানার উৎপাদন কার্যক্রম/প্রক্রিয়ার বিস্তারিত বিবরণ, প্রয়োজন হলে অতিরিক্ত জায়গা ব্যবহার করুন এবং ফ্লো-ডায়াগ্রাম সংযুক্ত করুনঃ **সংযুক্তি-২৬**)

২.৪.৪   **উৎপাদন ক্ষমতা** (উপ-জাতসহ উৎপাদিত সকল পণ্যের তালিকা দিন, প্রয়োজন হলে অতিরিক্ত জায়গা ব্যবহার করুন)

উৎপাদিত পণ্য	পরিমান (দৈনিক)

২.৪.৫   **কারখানা পরিচালনার সময়ঃ**

    গড়   __________ ঘণ্টা/দৈনিক   __________ দিন/সপ্তাহ

    সর্বোচ্চ   __________ ঘণ্টা/দৈনিক   __________ দিন/সপ্তাহ

২.৪.৬   **জনবলের বিবরণঃ**

    প্রশাসনিক   : __________

    উৎপাদন প্রক্রিয়া   : __________

    পরিবেশ ব্যবস্থাপনা   : __________

                মোট   : __________

২.৪.৭   **বিদ্যুৎ সরবরাহ**

সরবরাহকারী	উৎপাদন ক্ষমতা (kVA) (প্রযোজ্য ক্ষেত্রে)	চাহিদা (kW)
o জাতীয় বিদ্যুৎ গ্রিড লাইন		
o নিজস্ব জেনারেটর		
o অন্যান্য		

২.৪.৮   **পানি সরবরাহ**

উৎস	বিবরণ	দৈনিক পানি ব্যবহার (লিটার)	
		গৃহস্থালী	শিল্প
o সরবরাহকৃত পানি			
o ভূ-পৃষ্ঠস্থ জলাশয়			
o নিজস্ব ডিপ-টিউবওয়েল			
o Recycled water			
o অন্যান্য			

২.৪.৯   **জ্বালানী সরবরাহ** (গ্যাস/কয়লা/ ফার্নেস ওয়েল ইত্যাদি)

    উৎসঃ   __________   দৈনিক ব্যবহারঃ   __________   ঘন মিটার/টন/লিটার

৩.০   প্রকল্প এলাকার পরিবেশগত অবস্থা (Environmental Condition of the Project Area)

৩.১   প্রকল্প এলাকার ভূমি ব্যবহার

৩.১.১   ১.০ কিলোমিটার ব্যাসার্ধে অন্তর্ভুক্ত ভূমির বর্তমান ব্যবহারঃ

৩.১.২   প্রকল্পের নিকটতম দূরত্বে অবস্থিত প্রধান সড়কের প্রস্থঃ   _______________ মিটার

৩.১.৩   প্রকল্পের ১.০ কিলোমিটার দূরত্বের মধ্যে যা যা অবস্থিতঃ

- o জলাভূমি
- o প্রাকৃতিক জলপথ
- o বন্যা নিয়ন্ত্রণ জলাধার
- o বনাঞ্চল
- o পার্ক/খেলার মাঠ
- o পাহাড়/টিলা
- o আবাসিক এলাকা
- o অন্যান্য

৩.১.৪   প্রকল্পের ৫০০ মিটার দূরত্বের মধ্যে যা যা অবস্থিতঃ

- o ঐতিহাসিক গুরুত্বপূর্ণ সাইট
- o সামরিক স্থাপনা
- o বিশেষ এলাকা
- o প্রতিবেশগত সংকটাপন্ন এলাকা
- o Key Point Installation
- o হাসপাতাল/ক্লিনিক
- o শিক্ষা প্রতিষ্ঠান
- o সংরক্ষিত এলাকা
- o বায়ু দূষণকারী শিল্প প্রতিষ্ঠান
- o আবাসিক এলাকা
- o খাদ্য সাইলো
- o অন্যান্য

৩.১.৫   প্রকল্পের চৌহদ্দিঃ

উত্তরঃ

দক্ষিণঃ

পূর্বঃ

পশ্চিমঃ

৩.২   প্রকল্প এলাকার শব্দের মাত্রা dBa এককে পরিমাপকৃত (২০০ — সন)

মাস	স্থান (Location)												বিধিবদ্ধ মানমাত্রা		মন্তব্য
জানুয়ারি	দিবা	রাত্রি	দিবা	রাত্রি	দিবা	রাত্রি	দিবা	রাত্রি	দিবা	রাত্রি	দিবা	রাত্রি	দিবা	রাত্রি	

৩.৩ প্রকল্প এলাকার বায়ুর গুণগত অবস্থা (২০০ — সন)

স্থিতিমান (μgm^{-3})	সময় (মাস)	স্থান (Location)						বিধিবদ্ধ মানমাত্রা	মন্তব্য
SPM	জানুয়ারী								
	ফেব্রুয়ারী								
PM$_{2.5}$									
PM$_{10}$									
SO$_2$									
CO									
Pb									

৩.৪ তরল বর্জ্যের চূড়ান্ত অপসারণ স্থানের পানির গুণগতমান (২০০ — সন)

স্থিতিমান	সময়	স্থান (Location)						বিধিবদ্ধ মানমাত্রা	মন্তব্য
তাপমাত্রা	শুষ্ক মৌসুম (গড়)								
	বর্ষা মৌসুম (গড়)								
pH	শুষ্ক মৌসুম (গড়)								
	বর্ষা মৌসুম (গড়)								
DO (mg/l)	শুষ্ক মৌসুম (গড়)								
	বর্ষা মৌসুম (গড়)								
BOD$_5$ (mg/l)	শুষ্ক মৌসুম (গড়)								
	বর্ষা মৌসুম (গড়)								
COD (mg/l)	শুষ্ক মৌসুম (গড়)								
	বর্ষা মৌসুম (গড়)								
EC (μs/cm)	শুষ্ক মৌসুম (গড়)								
	বর্ষা মৌসুম (গড়)								

স্থিতিমান	সময়	স্থান (Location)					বিধিবদ্ধ মানমাত্রা	মন্তব্য
TDS (mg/l)	শুষ্ক মৌসুম (গড়)							
	বর্ষা মৌসুম (গড়)							
TSS (mg/l)	শুষ্ক মৌসুম (গড়)							
	বর্ষা মৌসুম (গড়)							
NH_4-N (mg/l)	শুষ্ক মৌসুম (গড়)							
	বর্ষা মৌসুম (গড়)							
NO_3-N (mg/l)	শুষ্ক মৌসুম (গড়)							
	বর্ষা মৌসুম (গড়)							
PO_4-P (mg/l)	শুষ্ক মৌসুম (গড়)							
	বর্ষা মৌসুম (গড়)							
	শুষ্ক মৌসুম (গড়)							
	বর্ষা মৌসুম (গড়)							
	শুষ্ক মৌসুম (গড়)							
	বর্ষা মৌসুম (গড়)							

৪.০ শিল্প বর্জ্যের তালিকা (উৎপাদন প্রক্রিয়ায় সৃষ্ট বর্জ্য চিহ্নিত করুন)

- ☐ এসিড বর্জ্য (যেমনঃ হাইড্রোক্লরিক এসিড, সালফিউরিক এসিড, নাইট্রিক এসিড ইত্যাদি)
- ☐ ক্ষারীয় বর্জ্য (কস্টিক সোডা, কস্টিক পটাশ, ক্ষারীয় ক্লিনার ইত্যাদি)
- ☐ এসবেসটস বর্জ্য
- ☐ সিরামিক/খনিজ বর্জ্য
- ☐ দূষিত পাত্র বা ধারক (যে গুলোতে ইতঃপূর্বে রাসায়নিক পদার্থ বা পেইন্ট ইত্যাদি রাখা হয়েছিল)
- ☐ রাসায়নিক সার এবং বালাইনাশক বর্জ্য
- ☐ কাঁচ বর্জ্য
- ☐ স্থিতিশীল বর্জ্য (সলিডিফাইড, রাসায়নিক ভাবে ফিক্সড এবং এনক্যাপসুলেটেড বর্জ্য)
- ☐ অজৈব রাসায়নিক বর্জ্য (যেমনঃ আর্সেনিক, কপার, কেডমিয়াম ইত্যাদি)
- ☐ চামড়া বর্জ্য
- ☐ ধাতব বর্জ্য
- ☐ তৈল (যেমনঃ বর্জ্য তেল, তেল/পানি মিশ্রন)
- ☐ জৈব স্লাজ
- ☐ জৈব দ্রাবক (যেমনঃ হ্যালোজেনেটেড, অ্যালিফ্যাটিক, অ্যারোমেটিক যৌগ)
- ☐ রং/কালি/পেইন্ট বর্জ্য
- ☐ কাগজ বর্জ্য
- ☐ প্যাথজেনিক বা সংক্রামক বর্জ্য
- ☐ ফার্মাসিউটিক্যাল বর্জ্য
- ☐ প্লাস্টিক বর্জ্য
- ☐ প্ল্যাটিং বর্জ্য
- ☐ পঁচনশীল বর্জ্য (যেমনঃ গ্রীজ ট্রেপের বর্জ্য, প্রাণীজ বর্জ্য)
- ☐ রিয়্যাক্টিভ রাসায়নিক বর্জ্য (যেমনঃ বিস্ফোরক, রিডিউসিং এবং অক্সিডাইজিং এজেন্ট)
- ☐ রেজিন/লেটিস/এডহেসিভ
- ☐ রাবার বর্জ্য
- ☐ স্টাইরোফোম বর্জ্য
- ☐ ট্যানারী বর্জ্য
- ☐ টেক্সটাইল বর্জ্য
- ☐ অন্যান্য, উল্লেখ করুন

৫.০ **উৎপন্ন তরল বর্জ্যঃ** (তরল বর্জ্যের উৎস, দুষকের প্রকৃতি এবং সম্ভাব্য পরিমান নির্দেশকরুন এবং প্রয়োজনে অতিরিক্ত জায়গা ব্যবহার করুন)

তরল বর্জ্যের উৎস	দৈনিক পরিমান (লিটার)	দুষকের প্রকৃতি	
		বিষাক্ত	সাধারণ
☐ উৎপাদন প্রক্রিয়া	__________	☐	☐
☐ ধৌতকরণ/পরিষ্কারকরণ	__________	☐	☐
☐ শীতলীকরণ	__________	☐	☐
☐ গৃহস্থালী পয়ঃবর্জ্য	__________	☐	☐
☐ পুনঃপ্রক্রিয়াকৃত পানি	__________	☐	☐
☐ অন্যান্য __________		☐	☐
মোট পরিমান	__________		

৫.১ **অপরিশোধিত তরল বর্জ্যের প্রকৃতিঃ**

ক্রমিক নং	স্থিতিমাপ (Parameter)	একক (Unit)	মান (value)
১.	বর্ণ		__________
২.	পিএইচ (pH)		__________
৩.	সার্বিক প্রলম্বিত কঠিন বস্তুকণা (TSS)	মিগ্রা/লি	__________
৪.	সার্বিক দ্রবীভূত কঠিন বস্তু (TDS)	মিগ্রা/লি	__________
৫.	বিওডি₅ ২০° সে	মিগ্রা/লি	__________
৬.	সিওডি	মিগ্রা/লি	__________
৭.	তৈল ও গ্রিজ	মিগ্রা/লি	__________
৮.	সার্বিক ক্রোমিয়াম	মিগ্রা/লি	__________
৯.	সালফাইড	মিগ্রা/লি	__________
১০.	ফেনলজাতীয় যৌগসমুহ	মিগ্রা/লি	__________
১১.			__________

৫.২ **তরল বর্জ্যের পরিশোধন প্রক্রিয়াঃ**

তরল বর্জ্যের উৎস	তরল বর্জ্যের পরিশোধন প্রক্রিয়া		
	নিজস্ব ইটিপি	যৌথ ইটিপি	সরাসরি নির্গমন
☐ উৎপাদন প্রক্রিয়া	☐	☐	☐
☐ ধৌতকরণ/পরিষ্কারকরণ	☐	☐	☐
☐ শীতলীকরণ	☐	☐	☐
☐ পুনঃপ্রক্রিয়াকৃত পানি	☐	☐	☐
☐ অন্যান্য __________	☐	☐	☐

তরল বর্জ্যের চূড়ান্ত নির্গমন স্থলঃ __________

৫.২.১ **তরল বর্জ্য পরিশোধনাগারঃ** (ইটিপির লে-আউট- সংযুক্তি-৪ক এবং ইটিপির ইউনিটসমূহের সিভিল কাজ এবং মেকানিক্যাল/ ইলেকট্রিক্যাল যন্ত্রাংশসমূহের নির্ধারিত specification সংযুক্তি-৪খ সংযুক্ত করুনঃ)

ইটিপির পরিশোধন ক্ষমতা (উৎপন্ন তরল বর্জ্য + ১০%)ঃ __________	ঘন মিটার/দৈনিক
ইটিপির জায়গার পরিমান __________	বর্গ মিটার

ইটিপির ইউনিটসমূহঃ

ভৌত	☐ স্ক্রিনিং	☐ ইকুয়ালাইজেশন	☐ গ্রিট রিমুভাল
	☐ ওয়েল-ওয়াটার সেপারেটর	☐ সেডিমেন্টেশান	☐ অন্যান্য, _______
রাসায়নিক	☐ এডজরপশন	☐ ডিজইনফেকশন	☐ pH সংশোধন
	☐ ফ্লোকুলেশন/কোয়াগুলোশন	☐ কেমিক্যাল অক্সিডেশন	☐ অন্যান্য, _______
জৈবিক	☐ সিকোয়েন্সিং ব্যাচ রিয়্যেক্টর	☐ এক্টিভেটেড স্লাজ	☐ এরেটেড লেগুন
	☐ বায়োলজিক্যাল কন্টাক্টর	☐ ট্রিকলিং ফিল্টার	☐ অন্যান্য, _______
	☐ স্টেবিলাইজেশন পন্ড	☐ অ্যানোরবিক ডাইজেশন	
স্লাজ ট্রিটমেন্ট	☐ থিকেনিং	☐ তাপে শুকানো	☐ ইট ভাটায় পুড়ানো
	☐ ডাইজেশন	☐ ডি-ওয়াটারিং	☐ অন্যান্য, _______
অন্যান্য	☐ আয়ন এক্সচেঞ্জ	☐ মেমব্রেন ফিল্ট্রেশন	☐ রিভার্স অসমোসিস
	☐ একটিভেটেড কার্বন এডজরপশন	☐ সেপটিক ট্যাংক ও সোক ওয়েল	

৫.২.২ **পয়ঃবর্জ্য অপসারণ/ট্রিটম্যান্ট পদ্ধতি** (পয়ঃবর্জ্য পরিশোধনাগারের লে-আউট সংযুক্ত করুন; সংযুক্তি-৪গ)

ক্ষমতাঃ _____________________

☐ বিদ্যমান পয়ঃবর্জ্য সিস্টেমে (sewerage line) নির্গমন

☐ নিজস্ব পয়ঃবর্জ্য ট্রিটম্যান্ট প্লান্ট

☐ নিজস্ব সেপটিক ট্যাংক ও সোক ওয়েল

☐ অন্যান্য

৫.২.৩ **পানি পরিশোধনের পদ্ধতি**

o ক্লোরিনেশন   o ডি-আয়নাইজেশন

o রিভার্স অসমোসিস   o অন্যান্য

৬.০ **ড্রেনেজ সিস্টেম** (ড্রেনেজ লে-আউট প্লান সংযুক্ত করুন; সংযুক্তি-৫)

প্রকারঃ   ☐ উন্মুক্ত নালা   ☐ আবদ্ধ/ভূ-গর্ভস্থ ড্রেনেজ

ড্রেনেজ সিস্টেম কোথায় সংযুক্ত হবে ?

☐ পাবলিক ড্রেনেজ   ☐ খাল/নদী   ☐ অন্যান্য, _______

৭.০   **বস্তুকণা ও গ্যাসীয় নিঃসরণ** (বায়বীয় বর্জ্যের উৎস ও দূষকের প্রকৃতি উল্লেখ করুন এবং প্রয়োজনে অতিরিক্ত জায়গা ব্যবহার করুন)

	উৎস	বস্তুকণা ও গ্যাসীয় নিঃসরণের প্রকৃতি					
		বস্তুকণা	এসিড বাষ্প	সালফার ডাই অক্সাইড	নাইট্রোজেনের অক্সাইড	কালি ও ধূলিকণা	অন্যান্য-
	☐ পাওয়ার প্ল্যান্ট						
	☐ জেনারেটর						
	☐ ফার্নেস						
	☐ ওভেন						
	☐ উৎপাদন প্রক্রিয়া						
	☐ পেইন্ট বুথ						
	☐ বয়লার						
	☐ ইনসিনারেটর						
	☐ রোটারী কিলন						
	☐ পাথর ক্রাশিং						
	☐ অন্যান্য						

৭.১   **বায়বীয় নিঃসরণ নিয়ন্ত্রণ ব্যবস্থাপনা** (নিচের যে গুলি স্থাপন করা হবে তার পাশে টিক চিহ্ন দিন)

☐ চিমনী ☐ ডাস্ট কালেক্টর ☐ স্ক্রাবার ☐ একজস্ট ফ্যান

☐ টব্রিক গ্যাস ফিল্ট্রেশন ☐ গ্যাস এডজর্পশন ☐ সাইক্লোন (ডাস্ট, আইডি ফ্যান ও স্ট্যাকসহ)

☐ ইলেক্ট্রোস্ট্যাটিক প্রেসিপিটেটর (ইএসপি) ☐ ব্যাগ হাউসেস/ফেব্রিক ফিল্ট্রেশন ☐ অন্যান্য, _____

৮   **শব্দ দূষণ নিয়ন্ত্রণ ব্যবস্থা** (নিচের যে গুলি স্থাপন করা হবে তার পাশে টিক চিহ্ন দিন)

☐ ইনসুলেটর
☐ মাফলার
☐ সাইলেন্সর
☐ মোটা দেওয়াল
☐ গ্লাসউল
☐ ক্যানোপি
☐ অন্যান্য

৯   **পেশাগত স্বাস্থ্য সুরক্ষার্থে গৃহীত ব্যবস্থা** (নিচের যে গুলির ব্যবস্থা করা হবে তার পাশে টিক চিহ্ন দিন)

☐ মাস্ক
☐ সেফটি চশমা
☐ গ্লাভস
☐ শক্ত বুট
☐ হ্যালমেট
☐ ইয়ার প্লাগ
☐ অন্যান্য

সম্ভাব্য প্রভাব	প্রভাবের তাৎপর্য			Mitigating / Enhancement Measures
	স্বল্প	মধ্যম	বেশী	
▢ পার্শ্ববর্তী এলাকাবাসী কিংবা তাঁদের সম্পদের জন্য সমস্যা সৃষ্টি				○ পর্যাপ্ত বাফার এলাকার ব্যবস্থা করা ○ বাফার এলাকায় গাছ লাগানো ○ প্রকল্প এলাকার চারদিকে সীমানা প্রাচীর উত্তোলন ○ অন্যান্য, __________
▢ সৃষ্ট ডাস্ট, ধোঁয়া ইত্যাদির মাধ্যমে বায়ু দূষণ				○ বায়ু দূষণ নিয়ন্ত্রণ ব্যবস্থা গ্রহণ ○ অন্যান্য, __________
▢ গৃহস্থালী বর্জ্য হতে ভূ-পৃষ্ঠস্থ বা ভূ-গর্ভস্থ পানি দূষণ				○ কার্যকর সেপটিক ট্যাংক ও সোকপিট স্থাপন ○ পয়ঃ বর্জ্যের জন্য উপযুক্ত বর্জ্য পরিশোধনাগার স্থাপন ○ অন্যান্য, __________
▢ কারখানার তরল বর্জ্য হতে ভূ-পৃষ্ঠস্থ বা ভূ-গর্ভস্থ পানি দূষণ				○ শিল্প তরল বর্জ্যের জন্য উপযুক্ত বর্জ্য পরিশোধনাগার স্থাপন ○ অন্যান্য, __________
▢ বিপদজনক বর্জ্য হতে সৃষ্ট পরিবেশ দূষণ বা কর্মস্থল দূষণ				○ বিপদজনক বর্জ্য পরিশোধন করা হবে ○ ইনসিনারেটরে পুড়িয়ে ফেলা হবে ○ সংরক্ষণ করা হবে ○ অন্যান্য, __________
▢ শব্দ দূষণ				○ শব্দ দূষণ নিয়ন্ত্রণের জন্য প্রয়োজনীয় ব্যবস্থা গ্রহণ (যেমনঃ ইনসুলেটর, মাফলার, সাইলেন্সার) ○ অন্যান্য, __________
▢ দুর্গন্ধ				○ শক্তভাবে সিল্ড কন্টেইনার, মাস্কিং এজেন্ট ইত্যাদির ব্যবস্থা করা ○ অন্যান্য, __________
▢ মেশিন পরিচালনার ফলে সৃষ্ট কম্পন				○ কম্পন নিয়ন্ত্রণের ব্যবস্থা গ্রহণ (যেমনঃ শক এবসরবার, ডেম্পার/আইসলেটর, স্প্রিং আইসলেটর) ○ অন্যান্য, __________
▢ কঠিন বর্জ্য হতে সৃষ্ট সমস্যা				○ কঠিন বর্জ্য পৃথকীকরণ/সংরক্ষণের পর্যাপ্ত ব্যবস্থা করা ○ বর্জ্য ব্যবস্থাপনার বিষয়ে কর্মচারীদের প্রশিক্ষণ প্রদান ○ পরিবেশসম্মতভাবে অপসারণের জন্য নিয়মিত বর্জ্য সংগ্রহ করা ○ ব্যবহৃত লেড-এসিড ব্যাটারী কেবল নির্দিষ্ট ডিলারের কাছে ফেরত দিতে হবে ○ নির্দিষ্ট ডাম্পসাইট অথবা স্যানেটারী ল্যান্ডফিলে কঠিন বর্জ্য অপসারণ ○ অন্যান্য, __________

১১   পরিবেশগত মনিটরিং পরিকল্পনা

১১.১   সার্বিক মনিটরিং পরিকল্পনা

প্রকল্পের কার্যক্রম	মনিটরিং-এর স্থান	মনিটরিং প্যারমিটার	মনিটরিং ফ্রিকোয়েন্সি	মনিটরিং কাজে দায়িত্বপ্রাপ্ত ব্যক্তি/ইউনিট
পরিচালনা উদাহরণঃ কঠিন বর্জ্য উৎপাদন	উৎপাদন/প্যাকেজিং/সংরক্ষণ এলাকা	প্যাকেজিং সামগ্রী/স্ক্রেপের ওজন	দৈনিক	
শিল্প তরল বর্জ্য নির্গমণ	কঠিন বর্জ্য সংরক্ষণ এলাকা তরল বর্জ্য পরিশোধনাগার	pH, BOD, COD, Temp, TSS, TDS,SS ইত্যাদি	ত্রৈমাসিক	
বায়ু দূষক নির্গমণ	বায়ু দূষক নির্গমণের স্থান/স্থানসমূহ উল্লেখ করুন	SMP/PM, NO_x, SO_x	ত্রৈমাসিক	
বিপদজনক বর্জ্য সৃষ্টি	উৎপাদন এলাকা	পরিমান, সংরক্ষণ, লেবেলিং	দৈনিক	
	বিপদজনক বর্জ্য সংরক্ষণ এলাকা	পরিমান, সংরক্ষণ, লেবেলিং	দৈনিক	
কাজের পরিবেশ	উৎপাদন এলাকা	আলো, বাতাস, আদ্রতা, শব্দ, তাপমাত্রা	ত্রৈমাসিক	

১১.২   পরিবেষ্টক বায়ুর মনিটরিং ফলাফল (প্রযোজ্য ক্ষেত্রে)   তারিখঃ

ক্রমিক নং	স্থান (location)	পরিবেষ্টক বায়ুর গুণগতমান (μgm^{-3})							
		SPM	$PM_{2.5}$	PM_{10}	SO_2	NO_X	CO	O_3	Pb
	বিধিবদ্ধ মানমাত্রা								
১.									
২.									
৩.									
8.									

১১.৩   স্ট্যাক মনিটরিং ফলাফল (প্রযোজ্য ক্ষেত্রে)   তারিখঃ

ক্রমিক নং	স্থান (location)	স্থিতিমান (μgm^{-3})						
		SPM	$PM_{2.5}$	PM_{10}	SO_2	NO_X	CO	Pb
	বিধিবদ্ধ মানমাত্রা							
১.								
২.								
৩.								

১১.৪   শব্দের তীব্রতা মনিটরিং ফলাফল (প্রযোজ্য ক্ষেত্রে)

তারিখ	মনিটরিং সময়		শব্দের তীব্রতা dBa	বিধিবদ্ধ মানমাত্রা	মন্তব্য
	দিবা				
	রাত্রি				
	দিবা				
	রাত্রি				
	দিবা				
	রাত্রি				
	দিবা				
	রাত্রি				

১১.৫   তরল বর্জ্য পরিশোধনাগারের (ইটিপি) মনিটরিং ফলাফল

ক) ইটিপিসংক্রান্ত তথ্য

ডিজাইন প্রবাহ (Design flow rate) ....ঘনমিটার/ঘন্টা	দৈনিক প্রবাহ (Daily average flow rate)....................ঘনমিটার /দৈনিক
প্রবাহ পরিমাপ পদ্ধতি	☐ ৯০° V-নচ ☐ ফ্লো মিটার ☐ অন্যান্য, __________
ভৌত-রাসায়নিক ট্রিটমেন্টের পরিচালন সময়..................ঘন্টা/দৈনিক	শুকনো স্লাজের পরিমান...........................বেজ্ঞি/দৈনিক

খ) ইটিপির জন্য প্রয়োজনীয় রাসায়নিক দ্রব্য

ক্রমিক নং	রাসায়নিক পদার্থের নাম	দৈনিক ব্যবহার (কেজি)	মন্তব্য
১.			
২.			
৩.			
৪.			
৫.			
৬.			
৭.			

গ) ইটিপির জন্য প্রয়োজনীয় বিদ্যুতের চাহিদা

ইটিপি পরিচালন সময়		ঘন্টা/দৈনিক	পরিশোধনকৃত তরল বর্জ্যের পরিমান		ঘনমিটার/মাসিক

ইটিপির জন্য মাসিক বিদ্যুৎ খরচ (----------------বৎসর)											
মাস	জানুয়ারী	ফেব্রুয়ারী	মার্চ	এপ্রিল	মে	জুন	জুলাই	আগস্ট	সেপ্টেম্বর	অক্টোবর	নভেম্বর	ডিসেম্বর
ইউনিট (kwh)											

গ) পরিশোধিত তরল বর্জ্যের বিশ্লেষিত গুণগতমান

ক্রমিক নং	স্থিতিমাপ (Parameter)	একক (Unit)	মান (value)
১.	বর্ণ		
২.	পিএইচ (pH)		
৩.	সার্বিক প্রলম্বিত কঠিন বস্তুকণা (TSS)	মিগ্রা/লি	
৪.	সার্বিক দ্রবীভূত কঠিন বস্তু (TDS)	মিগ্রা/লি	
৫.	বিওডি₅ ২০° সে	মিগ্রা/লি	
৬.	সিওডি	মিগ্রা/লি	
৭.	তৈল ও গ্রিজ	মিগ্রা/লি	
৮.	সার্বিক ক্রোমিয়াম	মিগ্রা/লি	
৯.	সালফাইড	মিগ্রা/লি	
১০.	ফেনলজাতীয় যৌগসমূহ	মিগ্রা/লি	

১২.০ জরুরী পরিস্থিতি ব্যবস্থাপনা (Emergency Management)

১২.১ সম্ভাব্য দুর্যোগ পরিস্থিতি

- ☐ অগ্নিকান্ড
- ☐ বিস্ফোরণ
- ☐ কোন বিপদজনক কাজের ফলে শ্রমিকের মৃত্যু অথবা মারাত্নক জখম
- ☐ বিষাক্ত পদার্থ বা গ্যাসের নিঃসরণ/নির্গমন
- ☐ পরিবেশে জন্য ক্ষতিকর পদার্থ নির্গমন
- ☐ অন্যান্য

১২.২ বিপদজনক পরিস্থিতি প্রতিরোধ ও মোকাবেলা করার জন্য গৃহীত ব্যবস্থা

বিপদজনক পরিস্থিতি	প্রতিরোধকল্পে গৃহীত ব্যবস্থাসমূহ	মোকাবেলা/নিয়ন্ত্রণকল্পে গৃহীত ব্যবস্থাসমূহ
অগ্নিকান্ড	○ ফায়ার এক্সিট ○ জলাধারে পানি সংরক্ষণ ○ ফায়ার হাইড্রেন্ট ○ ইমারজেন্সী লাইট/সংকেত ○ নিয়মিত ফায়ার ড্রিল পরিচালনা করা ○ অন্যান্য, ________	○ কর্মচারিদের নিরাপদ অপসারণ ○ নিরাপদ স্থানে স্বাস্থ্যসেবা প্রদান ○ হাসপাতাল/সিভিল ডিফেন্স ইত্যাদি কর্তৃপক্ষের সাথে যোগাযোগ ○ অগ্নিনির্বাপন যন্ত্র ব্যবহার করে আগুন নেভানো ○ অন্যান্য, ________
বিস্ফোরণ	○ কারখানার যন্ত্রপাতি নিয়মিত পরীক্ষাকরা ○ সতর্কসংকেত প্রদানকারী যন্ত্রপাতি স্থাপন ○ প্ল্যান্ট পরিচালনার জন্য গৃহীতব্য সতর্কতা বিষয়ে ম্যানুয়াল তৈরী ও নিয়মিত প্রশিক্ষণ প্রদান ○ জরুরী পরিস্থিতে স্থানান্তরের জন্য নিরাপদ স্থানের ব্যবস্থা করা ○ প্রাথমিক চিকিৎসার ব্যবস্থা করা ○ অন্যান্য, ________	○ কারখানা দ্রুত বন্ধ করা ○ কর্মচারিদের নিরাপদ অপসারণ ○ নিরাপদ স্থানে স্বাস্থ্যসেবা প্রদান ○ হাসপাতাল/সিভিল ডিফেন্স ইত্যাদি কর্তৃপক্ষের সাথে যোগাযোগ ○ অন্যান্য, ________

বিপদজনক পরিস্থিতি	প্রতিরোধকল্পে গৃহীত ব্যবস্থাসমূহ	মোকাবেল/নিয়ন্ত্রণকল্পে গৃহীত ব্যবস্থাসমূহ
বিষাক্ত পদার্থ বা গ্যাসের নিঃসরণ	০ কারখানার যন্ত্রপাতি নিয়মিত পরীক্ষাকরা ০ বিষাক্ত পদার্থ বা গ্যাসের নিঃসরণ নির্দিষ্টমাত্রা অতিক্রম হলে সতর্কসংকেত প্রদানকারী এবং সংক্রিয়ভাবে বন্ধ হওয়ার যন্ত্রপাতি স্থাপন ০ প্ল্যান্ট পরিচালনার জন্য গৃহীতব্য সতর্কতা বিষয়ে ম্যানুয়াল তৈরী ও নিয়মিত প্রশিক্ষণ প্রদান ০ বিষাক্ত পদার্থ বা গ্যাসের বিষক্রিয়া নিয়ন্ত্রণের জন্য প্রয়োজনীয় ঔষধ মজুদ রাখা ০ অন্যান্য, __________	০ ঘায়খানা দ্রুত বন্ধ করা ০ কর্মচারিদের নিরাপদ অপসারণ ০ নিরাপদ স্থানে প্রয়োজনীয় স্বাস্থ্যসেবা প্রদান ০ হাসপাতাল/সিভিল ডিফেন্স ইত্যাদি কর্তৃপক্ষের সাথে যোগাযোগ ০ অন্যান্য, __________
পরিবেশে ক্ষতিকর পদার্থ নির্গমন (তরল/বায়বীয়)	০ কারখানার তরল ও বায়বীয় বর্জ্যে নির্গমন / নিঃসরণ লাইন নিয়মিত পরীক্ষা করা ০ তরল বর্জ্য পরিশোধনাগার নিয়মিত পরীক্ষা ও রক্ষণাবেক্ষণ করা ০ বায়ুদূষণ নিয়ন্ত্রণের জন্য স্থাপিত যন্ত্রপাতি/ইউনিট সমূহ নিয়মিত পরীক্ষা ও রক্ষণাবেক্ষণ করা ০ প্রয়োজনীয় রাসায়নিক পদার্থ, খুচরা যন্ত্রপাতি মজুদ রাখা ও বিকল্প বিদুৎ সরবরাহের ব্যবস্থা করা ০ অন্যান্য, __________	০ কারখানার সংশ্লিস্ট ইউনিট দ্রুত বন্ধ করা ০ পরিবেশ অধিদপ্তরকে অবহিত করা ০ স্থানীয় কর্তৃপক্ষকে অবহিত করা ০ প্রয়োজনীয় ক্ষতিপূরণ প্রদান করা ০ পরিবেশ অধিদপ্তরের সহিত আলোচনাক্রমে দূষণ নিয়ন্ত্রণমূলক ব্যবস্থা গ্রহণ ০ অন্যান্য, __________
শ্রমিকের মৃত্যু অথবা জখম	০ শ্রমিকের মৃত্যু অথবা জখম হতে পারে এরূপ ঝুঁকিপূর্ণ কাজের জন্য আটোমেশনের ব্যবস্থা করা ০ পেশাগত ঝুঁকি কমানো বা এড়ানোর বিষয়ে প্রশিক্ষণ ম্যানুয়াল তৈরী ও নিয়মিত প্রশিক্ষণ প্রদান অন্যান্য, __________	০ প্রাথমিক স্বাস্থ্যসেবা প্রদান ০ হাসপাতালে দ্রুত স্থানান্তর ০ আইনানুগ ক্ষতিপূরণ প্রদান ০ অন্যান্য, __________
অন্যান্য	০	০

আমি এই মর্মে ঘোষণা করিছি যে, পরিবেশগত ব্যবস্থাপনা পরিকল্পনা প্রতিবেদনে প্রদত্ত তথ্যাদি আমার জানামতে সত্য এবং ইহাতে কোন তথ্য গোপন বা বিকৃত করা হয়নি।

(উদ্যোক্তার নাম ও স্বাক্ষর)

১৩ সংযুক্তিঃ

		কাগজ-পত্র	হ্যাঁ	না
১	সংযুক্তি- ১	প্রকল্প এলাকার সাধারণ ম্যাপ	০	০
২	সংযুক্তি-২ক	প্রকল্পের লে-আউট প্ল্যান	০	০
৩	সংযুক্তি-২খ	দূরত্ব নির্দেশিত প্রকল্পসংলগ্ন এলাকার ম্যাপ	০	০
৪	সংযুক্তি-২গ	প্রকল্প কেন্দ্রিক সাইটের চারিদিকের ছবি	০	০
৫	সংযুক্তি-২ঘ	ইমারতের অনুমোদিত লে-আউট প্ল্যান	০	০
৬	সংযুক্তি-২ঙ	প্রসেস ফ্লো-ডায়াগ্রাম	০	০
৭	সংযুক্তি-৪ক	ইটিপি-এর লে-আউট		০
৮	সংযুক্তি-৪খ	ইটিপি-এর ইউনিটসমূহের সিভিল আইটেম এবং ইলেকট্রিক্যাল / মেকানিক্যাল যন্ত্রাংশসমূহের বিস্তারিত specification	০	০
৯	সংযুক্তি-৪গ	পয়ঃবর্জ্য পরিশোধনাগার/সেপটিক ট্যাংক ও সোক ওয়েলের লে-আউট	০	০
১০	সংযুক্তি-৫	ড্রেনেজ ব্যবস্থার লে-আউট প্ল্যান	০	০

Anexo - 3

Norma ISO 14001:2004

Sistemas de gestão ambiental - Requisitos e guia de aplicação

1 Gama

Esta Norma Internacional especifica os requisitos para um sistema de gestão ambiental que permita a uma organização desenvolver e implementar uma política e objectivos que tenham em conta os requisitos legais e outros requisitos a que a organização está sujeita, e informação sobre aspectos ambientais significativos. Aplica-se aos aspectos ambientais que a organização identifica como significativos, que pode controlar e sobre os quais pode atuar. Não contém, por si só, quaisquer critérios específicos de desempenho ambiental.

Esta Norma Internacional aplica-se a qualquer organização que

a) estabelecer, aplicar, manter e melhorar um sistema de gestão ambiental,

b) assegurar a coerência com a sua política ambiental declarada,

c) demonstrar a sua conformidade com a presente norma internacional

    1) fazer uma auto-determinação e uma auto-declaração, ou

    2) obter confirmação de conformidade de partes com interesse na organização, tais como clientes, ou

    3) solicitar a confirmação da sua auto-declaração por uma entidade externa, ou

    4) pretende que o seu sistema de gestão ambiental seja certificado por um organismo externo.

Todos os requisitos desta Norma Internacional destinam-se a ser incorporados em qualquer sistema de gestão ambiental. O grau de aplicação depende de factores como a política ambiental da organização, a natureza das suas actividades, produtos e serviços, e a localização e condições em que opera. Esta Norma Internacional contém também, no Anexo A, um guia informativo para a sua aplicação.

2 Referências normativas

Não são citadas referências normativas. Esta secção foi acrescentada de modo a que a numeração das secções se mantenha igual à da edição anterior (ISO 14001:1996).

3 Termos e definições

Para efeitos do presente documento, aplicam-se os seguintes termos e definições.

3.1 Examinador

Uma pessoa com as competências necessárias para efetuar uma auditoria

116

[ISO 9000:2000, 3.9.9]

3.2

melhoria contínua

processo recorrente de melhoria do **sistema de gestªo ambiental** (3.8), a fim de obter melhorias no **desempenho ambiental** global (3.10), de acordo com a **política ambiental da organizaçªo** (3.16) (3.11)

NOTA O processo não tem de ser executado simultaneamente em todas as áreas de atividade.

3.3
Medidas de correção
Acções para eliminar a causa de uma **não-conformidade** identificada (3.15)

3.4
Documento
Informação e apoio

NOTA 1 O suporte pode ser um papel, um meio magnético, eletrónico ou ótico, uma fotografia ou um desenho original, ou uma combinação destes.

NOTA 2 Adaptado da ISO 9000:2000, 3.7.2.

3.5
Ambiente
Ambiente em que uma **organização** (3.16) opera, incluindo o ar, a água, a terra, os recursos naturais, a flora, a fauna, as pessoas e as suas interacções.

NOTA Neste contexto, o ambiente estende-se de uma **organização** (3.16) a um sistema global.

3.6
Aspectos ambientais
Elemento das actividades, produtos ou serviços **de uma organização** (3.16) que pode interagir com o **ambiente** (3.5)

NOTA Um aspeto ambiental significativo tem ou pode ter um **impacte ambiental** significativo (3.7).

3.7
Impacto ambiental
qualquer alteração do **ambiente** (3.5), quer seja adversa ou favorável, resultante, no todo ou em parte, dos **aspectos ambientais de uma organização** (3.16) (3.6)

3.8
Sistema de gestão ambiental
SGA
Parte do sistema de gestão de **uma organização** (3.16) para desenvolver e aplicar a sua **política ambiental** (3.11) e gerir **os** seus **aspectos ambientais** (3.6).

NOTA 1 Um sistema de gestão é um conjunto de elementos interdependentes utilizados para definir uma política e objectivos e para atingir esses objectivos.

NOTA 2 Um sistema de gestão inclui a estrutura organizacional, as actividades de planeamento, as responsabilidades, as práticas, os **procedimentos** (3.19), os processos e os recursos.

3.9
Objetivo ambiental
Objetivo ambiental global, em conformidade com a **política ambiental** (3.11), que uma **organização** (3.16) se propõe atingir.

3.10

Desempenho ambiental

resultados mensuráveis da gestão dos **aspectos ambientais de uma organização** (3.16) (3.6)

NOTA No contexto dos **sistemas de gestão ambiental** (3.8), o desempenho pode ser medido em função da **política ambiental (3.11)**, dos **objectivos ambientais** (3.9), das **metas ambientais** (3.12) e de outros requisitos relacionados com o desempenho ambiental da **organização** (3.16).

3.11

Política ambiental

as intenções gerais e a orientação de uma **organização** (3.16) no que respeita ao seu **desempenho ambiental** (3.10), tal como formalmente expressas pela direção

NOTA A política ambiental fornece um quadro de ação e de definição dos **objectivos ambientais** (3.9) e das **políticas ambientais** (3.12).

3.12

Objetivo ambiental

um requisito de desempenho pormenorizado, aplicável à **organização** (3.16) ou a partes da mesma, derivado dos **objectivos ambientais** (3.9), que deve ser definido e cumprido para atingir esses objectivos

3.13

parte interessada

Pessoa ou grupo interessado ou afetado pelo **desempenho ambiental** (3.10) de uma **organização** (3.16)

3.14

Auditoria interna

um procedimento sistemático, independente e documentado para obter provas de auditoria e avaliá-las objetivamente para determinar em que medida são cumpridos os critérios estabelecidos pela **organização** para a verificação do sistema de gestão ambiental (3.16)

NOTA Em muitos casos, particularmente em pequenas organizações, a independência pode ser demonstrada pela ausência de responsabilidade pela atividade que está a ser auditada.

3.15

Não conformidade

Incumprimento de um requisito

[ISO 9000:2000, 3.6.2]

3.16

Organização

uma sociedade, organismo, empresa, autoridade ou instituição, ou qualquer parte ou combinação destes, registada ou não, pública ou privada, com funções e administração próprias

NOTA Para organizações com mais de uma unidade empresarial, uma única unidade empresarial pode ser definida como uma organização.

3.17

Medidas preventivas

Acções para eliminar a causa de qualquer **não-conformidade** (3.15)

3.18

Prevenção da poluição

Utilização de processos, práticas, técnicas, materiais, produtos, serviços ou energia para evitar, reduzir ou controlar (individualmente ou em combinação) a produção, emissão ou libertação de poluentes ou resíduos de qualquer tipo, a fim de reduzir **os impactos ambientais** negativos (3.7)

NOTA A prevenção da poluição pode incluir a redução ou eliminação de fontes de poluição, a modificação de processos, produtos ou serviços, a eficiência dos recursos, a substituição de materiais e energia, a reutilização, a recuperação, a reciclagem, a recuperação e o tratamento.

3.19
Procedimento
forma definida de levar a cabo uma atividade ou processo

NOTA 1 Os procedimentos podem ou não ser documentados.

NOTA 2 Adaptado da ISO 9000:2000, 3.4.5.

3.20
Entrada
Documento (3.4) que indique os resultados obtidos ou comprove as actividades realizadas

NOTA Adaptado da ISO 9000:2000, 3.7.6.

4　Requisitos do sistema de gestão ambiental

4.1　Requisitos gerais

A organização deve estabelecer, documentar, implementar, manter e melhorar continuamente um sistema de gestão ambiental em conformidade com os requisitos da presente norma internacional e determinar a forma como irá cumprir esses requisitos.

A organização deve definir e documentar o âmbito do seu sistema de gestão ambiental.

4.2　Política ambiental

A direção de topo deve definir a política ambiental da organização e assegurar que, no âmbito definido do seu sistema de gestão ambiental

a)　é adequado à natureza, escala e impacto ambiental das suas actividades, produtos e serviços,

b)　implica um empenhamento na melhoria contínua e na prevenção da poluição,

c)　inclui a obrigação de cumprir a legislação aplicável e outros requisitos com os quais a organização está comprometida e que se relacionam com os seus aspectos ambientais,

d)　fornece um quadro para a definição e revisão dos objectivos e metas ambientais,

e)　é documentado, implementado e gerido,

f)　é comunicada a todas as pessoas que trabalham para ou em nome da organização, e

g)　está aberto ao público.

4.3　Planeamento

4.3.1　Aspectos ambientais

A organização deve estabelecer, implementar e manter um ou mais procedimentos.

a)　identificar os aspectos ambientais das suas actividades, produtos e serviços, no âmbito definido do sistema de gestão ambiental, que pode controlar e os que pode influenciar, tendo em conta desenvolvimentos novos ou previstos, ou actividades, produtos e serviços novos ou modificados,

e

b) identificar os aspectos que têm ou podem ter um impacto significativo no ambiente (ou seja, os aspectos ambientais significativos).

A organização deve documentar esta informação e mantê-la actualizada.

A organização deve assegurar que os aspectos ambientais significativos sejam tidos em conta no estabelecimento, aplicação e manutenção do seu sistema de gestão ambiental.

4.3.2 Requisitos legais e outros

A organização deve estabelecer, implementar e manter um ou mais procedimentos.

a) identificar e ter acesso aos requisitos legais e outros requisitos aplicáveis a que a organização está sujeita em relação aos seus aspectos ambientais, e

b) para determinar o impacto destes requisitos nos seus aspectos ambientais.

A organização deve assegurar que estes requisitos legais aplicáveis e outros requisitos que a organização subscreva são tidos em conta no estabelecimento, aplicação e manutenção do seu sistema de gestão ambiental.

4.3.3 Finalidades, objectivos e programa(s)

A organização deve estabelecer, implementar e manter objectivos e metas ambientais documentados para as funções e níveis relevantes da organização.

Os objectivos e metas devem ser mensuráveis, sempre que possível, e coerentes com a política ambiental, incluindo as obrigações relacionadas com a prevenção da poluição, o cumprimento da legislação aplicável e de outros requisitos com os quais a organização está comprometida e a melhoria contínua.

Ao definir e rever os seus objectivos e metas, uma organização deve ter em conta os requisitos legais e outros a que está sujeita, bem como os seus aspectos ambientais significativos. Deve também ter em conta as suas opções tecnológicas, os seus requisitos financeiros, operacionais e comerciais, bem como os pontos de vista das partes interessadas.

A organização deve estabelecer, implementar e manter um ou mais programas para atingir os seus objectivos e metas. O(s) programa(s) deve(m) incluir

a) atribuir a responsabilidade pela realização dos objectivos e metas às funções e níveis adequados dentro da organização; e

b) os meios e o calendário para o conseguir.

4.4 Aplicação e funcionamento

4.4.1 Recursos, funções, responsabilidades e competências

A direção deve assegurar a disponibilidade dos recursos necessários para estabelecer, aplicar, manter e melhorar o sistema de gestão ambiental. Estes recursos incluem recursos humanos e conhecimentos especializados, infra-estruturas organizacionais, tecnologia e recursos financeiros.

As funções, responsabilidades e poderes devem ser definidos, documentados e comunicados para facilitar uma gestão ambiental eficaz.

A direção da organização deve nomear um ou mais representantes da direção que, independentemente de quaisquer outras responsabilidades, tenham deveres, responsabilidades e poderes específicos para

a) assegurar que é estabelecido, implementado e mantido um sistema de gestão ambiental em conformidade com os requisitos da presente norma internacional,

b) informar a direção sobre o desempenho do sistema de gestão ambiental para análise, incluindo recomendações de melhoria.

4.4.2 Competência, formação e sensibilização

A organização deve assegurar que todas as pessoas que desempenham tarefas para a organização ou em seu nome, susceptíveis de ter um impacto significativo no ambiente identificado pela organização, são competentes através de educação, formação ou experiência adequadas e deve manter registos dessa competência.

A organização deve identificar as necessidades de formação relacionadas com os seus aspectos ambientais e o seu sistema de gestão ambiental. A organização deve proporcionar formação ou tomar outras medidas para satisfazer essas necessidades e deve manter registos dessa formação.

A organização deve estabelecer, aplicar e manter um ou mais procedimentos para sensibilizar as pessoas que trabalham para ou em nome da organização para os seguintes aspectos

a) a importância do cumprimento da política e dos procedimentos ambientais e dos requisitos do sistema de gestão ambiental,

b) os aspectos ambientais significativos e os impactos reais ou potenciais associados ao seu trabalho, bem como os benefícios ambientais de um melhor desempenho pessoal

c) as suas funções e responsabilidades no cumprimento dos requisitos do sistema de gestão ambiental; e

d) as possíveis consequências de um desvio dos procedimentos estabelecidos.

4.4.3 Comunicação

No que respeita aos seus aspectos ambientais e ao seu sistema de gestão ambiental, a organização deve estabelecer, aplicar e manter um ou mais procedimentos para

a) comunicação interna entre os diferentes níveis e funções da organização,

b) Receber, documentar e responder a comunicações relevantes de partes interessadas externas.

A organização decide se deve comunicar externamente os seus aspectos ambientais significativos e documenta a sua decisão. Se for tomada a decisão de comunicar, a organização deve estabelecer e implementar um ou mais métodos de comunicação externa.

4.4.4 Documentação

A documentação do sistema de gestão ambiental deve conter os seguintes elementos

a) política ambiental e objectivos e metas específicos,

b) Descrição do âmbito do sistema de gestão ambiental,

c) Descrição dos principais elementos do sistema de gestão ambiental e da sua interação, e referência aos documentos correspondentes,

d) os documentos exigidos pela presente norma internacional, incluindo registos, e

e) os documentos, incluindo registos, que a organização considera necessários para assegurar o planeamento, a aplicação e o controlo eficazes dos processos relacionados com os seus aspectos ambientais significativos.

4.4.5 Controlo de documentos

Os documentos exigidos pelo sistema de gestão ambiental e pela presente norma internacional devem ser controlados. Os registos são um tipo particular de documento e devem ser geridos de acordo com os requisitos do ponto 4.5.4.

A organização deve estabelecer, implementar e manter um ou mais procedimentos para

a) verificar a idoneidade dos documentos antes da sua emissão,

b) Verificação e, se necessário, atualização e reaprovação de documentos,

c) assegurar que as alterações e o estado atual de revisão dos documentos são identificados

d) assegurar que as versões relevantes dos documentos aplicáveis estão disponíveis no local,

e) assegurar que os documentos permanecem legíveis e facilmente identificáveis

f) assegurar que os documentos de origem externa considerados pela organização como necessários para o planeamento e funcionamento do sistema de gestão ambiental sejam identificados e que a sua distribuição seja controlada, e

g) evitar a utilização não intencional de documentos obsoletos e marcá-los adequadamente quando forem conservados para qualquer fim.

4.4.6 Controlo operacional

A organização deve, em conformidade com a sua política ambiental e com os seus objectivos e metas ambientais, identificar e planear as actividades relacionadas com os aspectos ambientais significativos identificados, de modo a assegurar que sejam realizadas em condições especificadas

a) estabelecer, aplicar e manter um ou mais procedimentos documentados para controlar situações em que a sua ausência possa conduzir a um desvio da política, dos objectivos e das metas ambientais; e

b) a definição de critérios operacionais no(s) procedimento(s), e

c) estabelecer, aplicar e manter procedimentos para os aspectos ambientais significativos identificados dos bens e serviços utilizados pela organização, e comunicar os procedimentos e requisitos aplicáveis aos fornecedores, incluindo os subcontratantes

4.4.7 Preparação e resposta a emergências

A organização deve estabelecer, implementar e manter um procedimento(s) para identificar potenciais situações de emergência e potenciais acidentes que possam ter um impacto no ambiente, e para determinar como pretende responder a eles.

A organização deve responder a emergências e acidentes reais e prevenir ou atenuar os impactos ambientais negativos daí resultantes.

A organização deve analisar regularmente e, se necessário, rever os seus procedimentos de preparação e resposta a emergências, especialmente após a ocorrência de um acidente ou emergência.

A organização deve também testar regularmente estes procedimentos, na medida em que tal seja exequível.

4.5 Verificar

4.5.1 Controlo e medição

A organização deve estabelecer, implementar e manter um ou mais procedimentos para monitorizar e medir regularmente as características-chave das suas actividades que possam ter um impacto significativo no ambiente. O(s) procedimento(s) deve(m) incluir a documentação da informação para monitorizar o desempenho, os controlos operacionais aplicáveis e a conformidade com os objectivos e metas ambientais da organização.

A organização deve assegurar que são utilizados e mantidos instrumentos de monitorização e medição calibrados ou verificados, e deve manter os registos correspondentes.

4.5.2 Avaliação da conformidade

4.5.2.1 Como parte da sua obrigação de conformidade, a organização deve estabelecer, implementar e manter um procedimento para avaliar regularmente a sua conformidade com os requisitos legais aplicáveis.

A organização deve manter um registo dos resultados das avaliações periódicas.

4.5.2.2 A organização deve avaliar a conformidade com outros requisitos com os quais se comprometeu. A organização pode combinar esta avaliação com a avaliação da conformidade regulamentar referida no ponto 4.5.2.1 ou estabelecer um procedimento específico.

A organização deve manter registos dos resultados das avaliações periódicas.

4.5.3 Não conformidade, medidas correctivas e preventivas

A organização deve estabelecer, implementar e manter um ou mais procedimentos para lidar com não-conformidades reais e potenciais e para tomar medidas correctivas e preventivas. O(s) procedimento(s) deve(m) definir requisitos para

a) identificar e corrigir a(s) não-conformidade(s) e tomar medidas para atenuar o seu impacto no ambiente,

b) Investigar a(s) não-conformidade(s), determinar a(s) causa(s) e tomar as medidas necessárias para evitar a recorrência,

c) Avaliar a necessidade de tomar medidas para evitar a(s) não-conformidade(s) e aplicar as medidas adequadas para impedir a sua ocorrência,

d) registar os resultados das medidas correctivas e preventivas aplicadas, e

e) Verificação da eficácia das medidas correctivas e preventivas tomadas.

As medidas adoptadas devem ser proporcionais à dimensão dos problemas e ao impacto ambiental.

A organização deve assegurar que sejam efectuadas todas as alterações necessárias à documentação do sistema de gestão ambiental.

4.5.4 Verificação das gravações

A organização deve estabelecer e manter os registos necessários para demonstrar a conformidade com os requisitos do seu sistema de gestão ambiental e com a presente norma internacional, bem como os resultados alcançados.

A organização deve estabelecer, implementar e manter um ou mais procedimentos para a identificação, armazenamento, proteção, recuperação, retenção e eliminação de registos.

Os registos devem ser e permanecer legíveis, identificáveis e compreensíveis.

4.5.5 Auditoria interna

A organização deve assegurar que sejam efectuadas auditorias internas ao sistema de gestão ambiental, a intervalos planeados, para

a) determinar se o sistema de gestão ambiental

   1) cumpre as disposições planeadas de gestão ambiental, incluindo os requisitos da presente Norma Internacional, e

   2) foi corretamente implementado e mantido, e

b) fornecer à direção informações sobre os resultados das auditorias.

O(s) programa(s) de auditoria deve(m) ser planeado(s), estabelecido(s), aplicado(s) e mantido(s) pela organização, tendo em conta a importância ambiental da(s) exploração(ões) em causa e os resultados de auditorias anteriores.

Os procedimentos de auditoria devem ser estabelecidos, aplicados e mantidos a fim de determinar

- as responsabilidades e os requisitos para planear e realizar auditorias, comunicar os resultados e conservar os documentos correspondentes,

- definição dos critérios, âmbito, frequência e métodos de exame.

A escolha dos examinadores e a condução dos exames devem garantir a objetividade e a imparcialidade do processo de exame.

4.6 Revisão da gestão

A direção de topo deve rever o sistema de gestão ambiental da organização a intervalos planeados, de modo a assegurar que este se mantém apropriado, adequado e eficaz. As revisões devem incluir uma avaliação das oportunidades de melhoria e da necessidade de alteração do sistema de gestão ambiental, incluindo a política ambiental e os objectivos e metas ambientais. Devem ser mantidos registos das análises da gestão.

Os contributos para as análises da gestão incluem

a) os resultados das auditorias internas e das avaliações da conformidade com os requisitos legais e outros requisitos a que a organização está vinculada

b) Comunicação(ões) de partes interessadas externas, incluindo queixas,

c) o desempenho ambiental da organização,

d) a medida em que as metas e os objectivos foram alcançados,

e) Estado das medidas correctivas e preventivas,

f) Acompanhamento de análises anteriores da gestão,

g) alteração das circunstâncias, incluindo alterações nos requisitos legais e outros relacionados com os seus aspectos ambientais, e

h) Recomendações de melhoria.

Os resultados das análises da gestão incluem todas as decisões e acções relativas a possíveis alterações da política ambiental, dos objectivos, das metas e de outros elementos do sistema de gestão ambiental que sejam coerentes com o compromisso de melhoria contínua.

Apêndice - 4

Fotografias recolhidas durante o estudo de campo

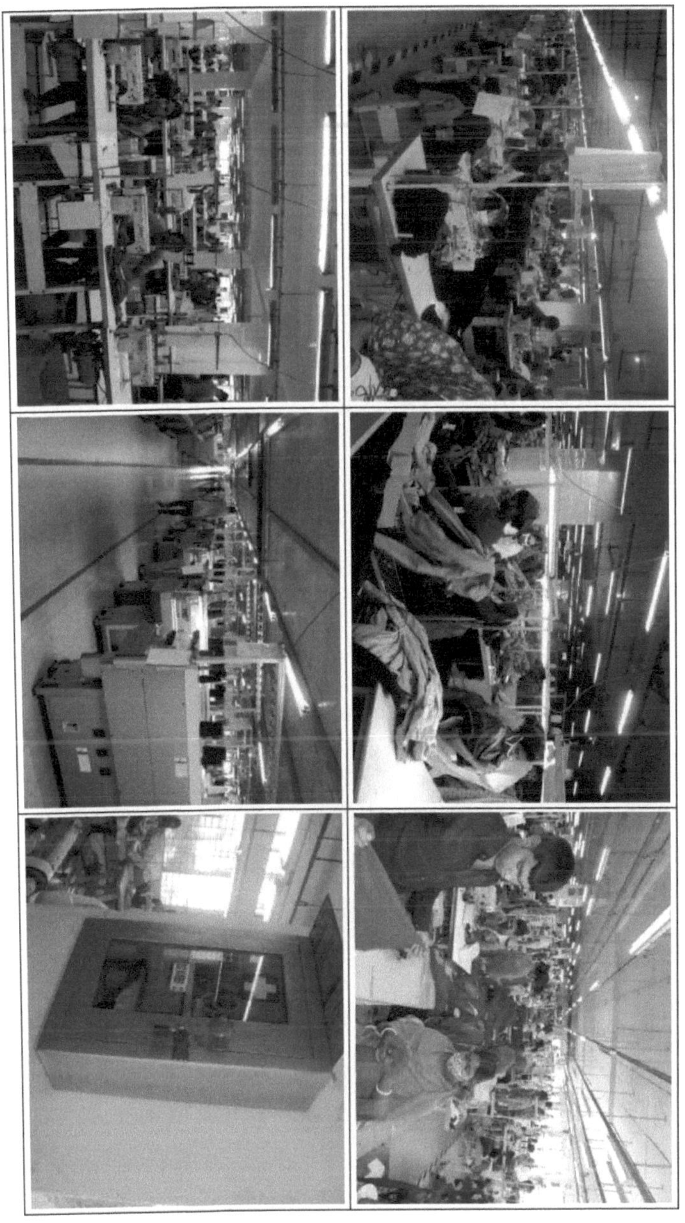

I want morebooks!

Buy your books fast and straightforward online - at one of world's fastest growing online book stores! Environmentally sound due to Print-on-Demand technologies.

Buy your books online at
www.morebooks.shop

Compre os seus livros mais rápido e diretamente na internet, em uma das livrarias on-line com o maior crescimento no mundo! Produção que protege o meio ambiente através das tecnologias de impressão sob demanda.

Compre os seus livros on-line em
www.morebooks.shop

Printed by Books on Demand GmbH, Norderstedt / Germany